人生如清茶，
细品方知味

爱上
生命中的
不完美

王娟娟／著

南京出版传媒集团
南京出版社

图书在版编目（CIP）数据

爱上生命中的不完美 / 王娟娟著. -- 南京 ：南京出版社，2016.8

（清茶）

ISBN 978-7-5533-1456-3

Ⅰ. ①爱… Ⅱ. ①王… Ⅲ. ①人生哲学－通俗读物 Ⅳ. ①B821-49

中国版本图书馆CIP数据核字（2016）第180755号

书　　名：爱上生命中的不完美
作　　者：王娟娟
出版发行：南京出版传媒集团 南京出版社
社　　址：南京市太平门街53号　**邮　　编**：210016
网　　址：http://www.njcbs.cn　**电子信箱**：njcbs1988@163.com
淘宝网店：http://njpress.taobao.com　**天猫网店**：http://njcbcmjtts.tmall.com
联系电话：025-83283893、83283864（营销）025-83112257（编务）

出 版 人：朱同芳
出 品 人：卢海鸣
责任编辑：许小彦
责任印制：杨福彬

策　　划：北京日知图书有限公司
印　　刷：北京艺堂印刷有限公司
开　　本：880毫米×1280毫米　1/32
印　　张：7
字　　数：140千字
版　　次：2016年8月第1版
印　　次：2017年1月第2次印刷
书　　号：ISBN 978-7-5533-1456-3
定　　价：28.00元

营销分类：励志

完美，其实是个伪命题

我们每个人，无论贫穷还是富有，健康抑或疾病，都有着属于自己的幸与不幸。这世上，本不存在毫无瑕疵的人生。

一位作家曾说“上帝从来不对任何人施舍‘最幸福’这三个字，他在所有人的欲望面前设下永恒的距离，公平地给每一个人以局限”。最幸福如是，完美亦然，既然我们每个人都无法冲破生命的局限，那么所谓完美则是一个虚妄的目标，一场徒劳的较量。与其执着于完美，倒不如学习如何在认清现实局限的前提下，积极勇敢的面对生活，然后爱上那个虽不完美，却从不言败，永远乐观努力的自己。

或许那个时候，我们才恍悟，那些生活中的波折与坎坷，遗憾与错失，与其说是命运之神投来的恶意嘲弄，倒不如说是他慷慨而智慧的馈赠。试想，若不是他一次次地在我们面前设置藩篱，埋下陷阱，我们又怎能在跌撞中迅速成长；若不是他在每一次的相聚与别离之间限以日期，我们又怎能珍惜每一份来之不易的感情？

不完美是一种缺憾，是人生的曲线与蜿蜒，可曲线却比直线更美，蜿蜒也让一段路上有了更多栽种花草的空间。

生命中的不完美，才让你我有了更多无限的可能。

Contents 目录

Part 01 苦乐交织，人生也要半糖主义 / 1

Part 02 绊脚石才是人生垫脚石 / 31

Part 03 生活这场戏，悲喜都在心态里 / 59

Part 04 与其做个守财奴，不如成为“梦想家” / 101

·Part 01·

苦乐交织，人生也要半糖主义

咖啡之所以醇厚美味，

是因为苦涩中的那一丝回甘；

彩虹之所以缤纷灿烂，

是因为经过风雨的洗染。

人生也是一样，甜到极致反而生腻，

留一点苦，留一点缺憾，

才更加丰厚饱满。

生命是一场修行

只要活着，就还有机会。

现实可以颠覆，机会可以改写，生命可以重来。

在这条修行的路上，我们不仅需要正视，更要珍惜。

什么才是人生？这是个太深邃的问题，我们吃饭、穿衣、行走、思考，看似重复着千篇一律的行为，最后却成就了不同的人生。人生的过程，就好像是一种修行，在修行中成长，在修行中磨炼，在修行中认知……遭遇瓶颈和挫折时，有人半路离开，有人冒雨前行，所以，最后有人皈依平凡，有人得道高升，因果使然。

在修行的过程中，如果有一点点苦难，请你珍惜；如果有一点点挫折，请你战胜；如果有一点点无奈，请你宽容；如果有一天天讽刺，请你忍耐……经历了这些，才能修得圆满人生。

在一座没有人的大桥上，有一个人的身影出现在那里。

这个人叫玛丽亚，这一天是她生命里最灰暗的时刻。她站在300米高的大桥上，俯瞰脚下，波涛汹涌，在她心中却没有一丝的恐惧，她的心寒冷如冰。玛丽亚抚摸着微微隆起的肚子，隐隐传来的一息脉动给了她最后一些温暖，细细如丝的雨打湿了她的头发，顺着脸颊流下来。

玛丽亚肚子里的孩子，没有父亲，又被外公外婆视为耻辱。她对着肚子说：孩子我唯一能做到的也许就是带你逃离这个世界。都怪妈妈不好，不该未婚先孕，又没有魅力拴住你的父亲，你的外公外婆不让我们回家了，他们永远不希望再见到我们，有错的是我，你是那么的无辜，这个世界太冷酷无情。我不知道该怎么样活下去，所以我要带着你一同离开这个世界。

就在玛丽亚独自悲伤之时，她感觉到不远处有一双眼睛望着她。她注意到了他——那双眼睛的主人是个面目清秀的年轻男子，大桥上除了他俩，再没第三个人。相距十多米的他们，彼此心照不宣。来到这里的人，绝不会只是为了看风景。

目光交汇瞬间，玛丽亚证实了自己的想法，那双深蓝眼睛里满是散不去的哀伤，还有一丝关切。

男子慢慢靠近了她，并向她道出自己的心事。玛丽亚的猜测被证实了，他也是一个万念俱灰的人，从小和他青梅竹马的未婚妻在婚礼前几天突遇车祸身亡。

“你比我幸运多了，你失去的只是一个不爱你也不值得你爱的人。而我呢，失去的却是真心相爱的人，永远无法改变。”

“拥有真爱，就没有遗憾。你比我幸运多了！我的生活里只有背叛和抛弃。为了你的未婚妻，让她能够在天堂能安息，你要勇敢地活下去，不该这样颓废。”

男子说道：“没错，时间可以帮助我，同样也一定会帮助你。任何问题都有解决的办法，你还年轻，前方还有美好的事情等着你……别放弃。”

这对准备抛弃余生的人，既不在乎时间，也不在乎环境。他们聊了很久很久。互相的对话，使他们暂时忘记了彼此的悲伤。他们相互鼓励，甚至还约好要帮助对方走过最黑暗的日子……

奇妙的是两起未遂的自杀演变成一个故事，接下来发生的事就如同剧作家萧伯纳说的：世界上大约有两万人适合做你的伴侣。他们相恋了，并且开始筹备婚礼。这是发生在俄罗斯的真实故事。

绝望放弃的时刻，请你稍等片刻，看看手中的硬币，也许下一秒你的硬币就会反转。生命本是一种修行，每个苦难过后，都会有意想不到的收获。

人生加减法，你能做对吗

数学上有加减法，
人生一样有加减法，
然而人生的加减法，
却蕴含着更多独特的价值与意义，
有时候，加得越多，反而收获得越少。

人生活在世上，要负的责任随着岁月的增加而不断增多，对生活的要求和欲望也在与日俱增。有了车子想要房子，有了两居室想要大别墅，刚摆脱了青菜、萝卜就向鲍鱼、海参进军。我们以为自己的生活越精致越昂贵，人生的质量才会越高，我们才会越快乐。其实不然，我们日渐奢靡的生活和与日俱增的欲望，增加了身体和精神的负荷，获得的越多反而会越沉重。

从前，有一个人感觉生活很沉重，于是便去找一位哲人，希望寻求解脱之道。

哲人没跟他讲什么人生哲理，而是给了他一个篓子让他背在自己肩上，然后指着一条沙石路对这个人说：“从现在开始，你每走一步就捡一块石头放进篓子里去，走完这条路看看自己会有什么感觉。”

于是，这个人开始按照哲人所说的方法去做，每走一步就捡起一块石头放进背篓里面。当他将整条路走完时，没有任何负重的哲人早就已经在路的尽头等他了。

这时，哲人问他这条路从头走到尾有什么感觉。这个人说：“我感觉越走越沉重。”

“这就是你觉得生活越来越沉重的原因所在。”哲人说：“这条路就像我们的人生。每个人来到这个世界上时，上帝都给了他一个空篓子。在人生的路上，我们每往前走一步，都会贪婪地从这个世界上捡一样东西放进去，贪心的人篓子里的东西当然越放越多，所以才会有越走越累的感觉。”

在人生的旅途上，很多时候，我们认为只要得到自己想要的东西就能拥有快乐。然而，事情的结果却常常事与愿违，我们得到的东西越来越多，快乐反而离我们越来越远；我们的生活越来越精致，身体状况却越来越差。吃惯了鲍鱼、海参的我们不但没有健康起来，反而大病小病不断。这究竟是为什么？因为我们的身心已经不堪重负，我们所拥有的很多东西并不是我们必需的，有时候扔掉它们反而让我们的身心更轻松。

从前有个富翁，他锦衣玉食、家财万贯，可是过得却并不开心，因为他的身体非常差，经常生病。因为身体不好，富翁总是燕

蓝蓝的天上，
洁白的云飘来飘去，
脚下的田野，
散发着泥土的芬芳，
把长长的信揉进风里，
它零落成尘时，
也带着我的希望。

窝、人参不断，就是为了补回身体的元气，吃的东西也非常讲究，每天早中晚的食物从来都不重样，而且样样都是让自家请来的厨子精工细做而成。为了出门方便，富翁准备了8辆精致的马车和专门的车夫。总之，为了让身体好起来，富翁非常“善待”自己，尽其所能给自己最好的待遇。

可是，尽管如此，富翁的身体并没有任何起色，而且每况愈下。富翁访遍了远近的名医均不见任何效果。

一天，一位精通医术的游僧路过此地，治好了当地不少百姓。富翁听说之后，亲自登门拜访。富翁向游僧说明来意后，游僧看着富翁豪华精致的马车说：“以后马车就不要坐了，出门自己走路就好。一日三餐改为大米、白面、萝卜、白菜，不出百日你的身体就能痊愈。”

富翁虽然将信将疑，但是看游僧如此坚定，于是决定试一试。结果一个月之后，富翁就明显感到自己通体舒畅，三个月之后已经健步如飞了。

很多时候，我们生活得不快乐、不健康，并不是我们拥有的太少而是追求的太多。生活到了一定的程度之后是应该做减法的。生活得越简单，我们的身心才会越轻松，自然也就越健康。我们完全没有必要执着于追求那些看起来很美，却对我们的生命毫无意义的东西。如果我们的饭量是三个面包，那么我们为第四个面包所做的一切努力都是愚蠢的。那第四个面包除了会撑坏我们的胃之外，没有任何的益处。

让缺了一块的圆来告诉你

世间没有绝对的完美，
生命本身就是由一些不完美所组成的。
不要刻意去追求完美，
那只会让你陷入无穷无尽的烦恼之中。
原谅生活中的不完美，
然后抱着积极乐观的心态，
在不完美的生活中成就自己的完美。

从前有一个圆被劈去了一小块，为了找到那缺失的一块，让自己变成一个完美的圆，它不停地滚动。但是，它滚动得很慢，因为它不是一个完美的圆。也正因为如此，它在滚动的同时领略了沿途的美景。春天它在花海中舞蹈，夏天它和着虫鸣歌唱，秋天它在满地的落叶中晒太阳，冬天它在白雪中愉快地滑冰……

有一天，它终于找到了，成了一个完美的圆。它激动得滚动起来，但是，它滚得太快了，也因此错过了花开的季节，忽略了落叶的美丽……

每个人的人生都是那个缺了一块的圆，正因为它不完美，充满酸甜苦辣，所以才多姿多彩。如果一个人的人生始终一帆风顺，只有欢声笑语，那他的人生还有什么意义呢？

网上曾经流传过这样一段视频：

一个太太在她刚刚去世的老公的追悼会上，当着全体亲友细致地描述着她老公生前在床上是如何“打鼾”和“放屁”的，甚至还当场模仿这些声音。

在视频的开始，司仪说：“李太太，你应该有些话想说。”

这位太太走上台，平静地看着台下来追悼她丈夫的那些亲友，然后说：“在今天这样一个日子，或许我应该说一些赞美他的话，可是那些话已经有很多人说过了。所以，我想和大家说一些他在生活中并不让人愉快的事，希望大家不会介意。”

这样的开场白让台下的亲友都颇感意外，只见她继续说道：“你们有遇到过早上无法启动汽车引擎的状况吗？”

大家疑惑地看着她，不知道她到底要说什么。让人想不到的是，她居然当场学了一段汽车发动引擎的声音。接着，她轻轻地说：“这就是他，我的老公，在床上打鼾的声音。”

大部分人听后都笑了起来，有些人边笑边皱起眉头：无论如何，在这种场合说这种事都不太合适。

这位太太却自顾自地说下去：“事实上，打鼾只是开始。他，也会……放屁！他放屁放得太大声，还会把自己惊醒！他会惊慌地问，那……那是什么声音？这个时候，我会说，亲爱的，是隔壁的老狗在放屁啦，放心继续睡吧！”

台下有好几个太太都心照不宣地大笑起来，而坐在她们身边的老公面露尴尬。然而，这位太太语气一转：“你觉得这很好笑？”她缓缓地说，“但是，当他真的病得很重时，这些声音至少让我知道，我的老公仍然活着。”

她转头看了看自己老公的遗照，哽咽地说：“现在……我在睡前再也听不到这些声音……”全场一片静默。

“到生命的最后，”这位太太深吸一口气，继续缓缓地说，“总是那些生活中常常被忽略的小事，让我们永远记得。同样是这些平常让人无法忍受的不完美，一起组成了我们生命的完美。所以，今天，我想告诉大家，包括我的子女们，在你身边陪着你的或者将来会来到你身边陪着你的那个伴侣，他们都会像我的老公那样‘不完美得很美’。趁现在还来得及，原谅那些小小的不完美吧！”

有些观礼的人在她说完这些之后已经痛哭失声。

生活总是不完美，有辛酸的泪水，也有遗憾的悔恨。如果你执着于这些不完美而难过、悲伤、抱怨，你的人生注定是不完美的。当你原谅了生活的不完美，用一颗乐观的心来看这些不完美，你会发现，正是这些不完美一起组成了自己完美的生命。

常想“一二”多多益善

在有阳光的日子里我们感受着幸福，

在阴云密布的时候也不要伤心难过。

请谨记普希金的名言：

一切都是瞬息，

一切都将会过去，而那过去了的，

就会成为亲切的回忆。

“常思一二，不想八九”这句话，出自民国元老于右任的一副对联：上联是不思八九，下联是常思一二，横批是如意。

俗话说，人生不如意事常十之八九。苏轼早就说过：“人有悲欢离合，月有阴晴圆缺，此事古难全。”一生之中，我们总会遇到这样那样的不如意。若常思这些不如意之事，必会导致心中不满，烦恼层生。一旦烦恼纠缠，生活中就再难有清静之心，也无快乐可言了。如此，人生还有什么乐趣？

无论如何，人生总还有“十之一二”是如意的事。多想想

“一二”，少思考“八九”，人们的心情就会不一样了。我们至少有稳定的工作，有温暖的家庭，有爱的人和爱我们的人。而且，我们还活着，活着就有希望，就有机会。这样想着，原来的不快就会逐渐淡化，心里也会畅爽许多。

霍金堪称是爱因斯坦之后人类历史上最伟大的科学家。他值得人们称道的，不仅仅是他的科研成就，还有他面对病魔时的乐观态度。

有一次，一位记者问霍金：“疾病已经摧残了您的身体，将您永远固定在了轮椅上，您不觉得命运很残酷吗？”尖锐的问题，使得全场鸦雀无声。然而，霍金依然面带微笑，用他那还能勉强活动的手指艰难地叩击着键盘，敲出了如下一行字：

“我的手指还能动，我的大脑还能思考，我还有我爱和爱我的人，我拥有一颗感恩的心……”

全场震撼！之后掌声雷动，人们纷纷冲上前来，拥抱这位卓越的科学家。

有人说人生如水，而无奈和不顺则是千年不变的水质。生活的难题在于：人在环境中生存，而环境又不以人的意志转移。因此，在面对不可更改的现实时，我们能改变的只有态度了——不思八九，常想一二。既然不如意的事有很多，我们就不要用它们来折磨自己，充塞我们的精神和心灵。那些不多的“一二”才是真正值得我们细品和回味的。就像霍金一样，多想想让自己快乐的事，我们的心情也会随之快乐起来，我们的生命也会变得明亮起来。如此，我们离幸福也就不远了。

某天在出租车上，无意中听见交通广播里报道这样一个故事：英国一位中年男子，不幸得了不治之症，最多只能活两个月。他没有唉声叹气、郁郁寡欢，而是觉得自己应趁这仅剩的两个月，好好享受一下生命。他提出了一个令人震惊的想法——要为自己举行葬礼。他想在自己的葬礼上，亲耳倾听到亲朋好友对他的问候和祝福！他说，人总要会死的，我不能总想着死亡，我要微笑地和爱我的人们告别。于是，一场特殊的葬礼开始了，那位男子躺在棺材里，安详地闭上眼睛，在平静中接受了亲朋好友的鲜花和送别祝福。

无论生活变成什么样子，我们总有办法让自己快乐起来。只要我们还活着，就要庆幸自己还有快乐的理由和权利，就要多想想那些让自己开心的事，如此才能不辜负生命的每一秒。

“且夫天地之间，物各有主，苟非吾之所有，虽一毫而莫取。惟江上之清风，与山间之明月，耳得之而为声，目遇之则成色。取之不禁，用之不竭。是造物者之无尽藏也，而吾与子之所共适。”人生苦短，何必非要在八九上纠缠？与其痛苦一生，不如快乐享受每一天。只要活着，就请多想想那短暂而珍贵的“一二”！

生活这个势利眼，你笑它才对你好

生活从来就是公平的，
我们给生活什么，
生活就会还给我们什么。
你对它哭，它就对你哭；
你对它笑，它便对你笑。

我们总是希望生活一帆风顺，却经常忘记，其实生活得好与不好，幸福与不幸福，取决于我们面对它的态度。

某个郊外小镇的路口，一位老人静静地坐在那里晒太阳。这时，有一个陌生的年轻人开车驶向这里。他在老人身边停下车，走出来向老人询问：“老先生，我正在准备搬家。请问这小镇叫什么名字？风土人情如何？这里的人怎么样？好相处吗？”

老人闻言抬起头来，看了这个陌生的年轻人一眼，淡淡地说道：“在回答你这些问题之前，你能不能先告诉我，你现在住的那个小镇都是怎样的人？他们好相处吗？你住在那里快乐吗？”年轻人回答道：“哦，别提了，那里简直太糟糕了！我现在住的地方都是粗俗无礼的人。他们自私市侩，简直让人难以忍受，更别说什么快乐了！我真想赶快逃离那里，这也是我想赶紧搬家的原因。”

老人听完年轻人义愤填膺的回答后，平静地对他说：“很遗憾，年轻人，这次你恐怕又得失望了，我们这个小镇上的人跟你现在住的地方的人简直一模一样……”

年轻人听了之后很失望，只好黯然离去。几天以后，老人在同样的地方碰到了另外一个问路的年轻人，他向老人问了同样的问题，老人也像上次问之前那个年轻人一样问了他。

然而，这个年轻人的答案却完全不同。他说：

“我现在住的那个地方，镇上的人都非常友善，而且待人热情慷慨，我在那里过得非常愉快。所以我想找一个和那里一样好的地方定居。不知道这个小镇是不是这样？”

老人笑着回答道：“年轻人，你真幸运，这里正是你想找的地方。这里的人跟你现在住的地方的人一样，慷慨热情，而且友好善良，欢迎你到这里定居！”

于是年轻人开心地搬了进来，他又能像以前一样拥有一群热情友好的邻居了……

这就是我们的生活，它就像一面镜子，你笑，它也笑；你哭，它也哭。与其抱怨生活，倒不如学会和它握手言和，也许那时候，生活才会给你想要的结果。

风靡世界前的1009次失败

痛苦磨炼人更能成就人，
真正的强者，
从来不会因为痛苦而一蹶不振，
在逆境中行走过后，
定会收获幸福，体验到生活最真的滋味。

是鲜花总有凋零的时刻，是小路总有弯曲的地方，人只要活着，总会有痛苦伴随，就像玫瑰花上的刺，遇到花朵是我们的幸福，遇到刺则是我们的不幸。然而，若没有遭遇痛苦，人生便会苍白无力，若没有战胜痛苦，人生便难以学会征服。只有在痛苦过后，才能领略到人生的多彩。

弱者遇到痛苦会心烦意乱，失意无主，强者遇到痛苦会学会成熟，变得豁达洒脱。接纳痛苦和收获幸福并不矛盾，而是一种必然，因为痛苦是走向成功的试金石，也是人生一笔异常丰富的财富。

有一个人，他的一生经历了1009次的失败，可是他这样说："我只要获得一次成功就够了。"

5岁的时候，他的父亲不幸病逝，父亲离开的时候，没有留下一点财产。妈妈不得不出去做工，而幼小的他，也因为妈妈的外出工作而不得不在家照顾弟妹。从很小的时候起，他就开始学着自己做饭。

12岁的时候，他的妈妈改嫁。他到了一个完全陌生的环境里。继父非常严厉，经常趁妈妈不在家痛打他，没有温情，只有暴力。

14岁的时候，他辍学离开了学校，开始了流浪的生活。

16岁的时候，他为了参加远征军而谎报年龄。在航行途中，因为晕船严重，被提前遣送回到家乡。

18岁的时候，他娶了妻子。这本来是一件幸福的事情，可是才过了几个月，妻子就把家里所有的财产全部变卖，之后跑回娘家，再不回来。

20岁的时候，他工作换了又换，从电工到开渡轮，后来又成了铁路工人，可是没有一样干得顺利，他的人生似乎非常糟糕。

30岁的时候，他进入保险公司从事销售工作，可是因为奖金问题和老板发生了争执，最后一赌气辞掉了工作。

31岁的时候，他萌生了学习的念头，他自学法律，并且在朋友的鼓励下进入律师行业。一次审理案件的时候，他在法庭上对当事人大打出手。他的律师生涯宣布结束。

32岁的时候，他再次失业，生活过得十分拮据。

35岁的时候，厄运再次降临到他的头上，那天他开车路过一座大桥，不巧大桥的钢索突然断裂。他整个人连同车一起跌到河里，他身受重伤，再也不能做轮胎推销员了。

40岁的时候，他白手起家，在镇上开了一家加油站，可是因为广告牌砸中了竞争对手，一场纠纷随之而来。

47岁的时候，他和第二任妻子的婚姻陷入僵局，无奈离婚。作为三个孩子的父亲，他遭遇了很大的打击。

61岁的时候，他竞选参议员，结果以失败告终。

65岁的时候，政府拆了他正开着的红火的快餐店，这一举动使他不得不低价售出全部设备。

66岁的时候，为了维持生计，他在小餐馆推销自己独特的炸鸡技术。

75岁的时候，他觉得自己力不从心，于是转让了自己的品牌和专利。新主人说，给他1万股，作为购买价的一部分，他严词拒绝了，可是后来股票大涨，他就此和亿万富翁失之交臂。

83岁的时候，他又开了一家快餐店，可是因为商标注册的关系，与人打起官司。

88岁的时候，他终于成功了。全世界都知道了他的名字。他叫哈伦德·山德士，是肯德基的创始人。

人们总是抱怨生活，可是他却告诉我们，接受不幸的命运，同样可以苦尽甘来。

Details

擦肩而过，是另一种意义上的相遇

上苍在关门的时候，
总会留下一扇打开的窗户。
错过的人生亦是完整的人生，
因为错过，心地才越来越宽广，
可以接纳万物，也是因为错过，
才能善待自己，对生活充满感恩。

别去抱怨人生，也许你错过了健康，但是你尚存生命；也许你错过了大海，但是你尚有蓝天；也许你错过了美丽，但是你尚有善良；也许你错过了欢笑，但是你尚有感动的泪水；也许你错过了道歉，但是你的心中还装着一份宽容……人生从来不曾真正完整，虽然你错过了这些，却让你的人生几近完整，这才是最好的结果。

错过也许值得遗憾，但宽容让人学会成长。很多错过的东西，回首再看，心中多的是一份释然，不去计较，才是善待人生。

故事发生在美国经济大萧条时期。

曼莎小姐终于找到了一份工作，在一家高级珠宝店里做售货员。就在圣诞夜的前一天，一位30多岁的男性顾客来到店里，他看起来很有修养，穿着也整齐干净。

这时候店里只有曼莎一个人，其他几个职员刚下班走了。

曼莎和他打了个招呼，男人笑得有些不自然，目光刚刚接触到曼莎的眼睛就慌张地躲开了，好像在示意她：不用理我，我随便看看。

这个时候，电话铃声响起，曼莎立即去接电话，转身的瞬间，她不小心把柜台上的盘子碰翻，只见盘子里六枚做工精致的金耳环掉到地上。曼莎慌忙弯腰想要捡起。可是就在她捡回第五枚耳环之后，她慌了，因为她找不到第六枚。这时候，她抬起头，看到男人正在往门外走。她想，她知道第六枚耳环的去处了。

就在男人要出门的一瞬间，曼莎小声喊道："先生，请等一等！"

男人转过身，两个人对视的时间很长，有一分钟那么久。曼莎的心扑通扑通地跳个不停，她紧张极了，她真怕男人会做出什么不理智的事情……

"怎么了？"男人问。

曼莎竭力控制住自己的情绪，鼓足勇气问道："先生，我今天是第一天上班，你知道的，现在找一份工作真的很不容易，你能不能……"

男人的目光显出不自然，他长久地审视着曼莎，过了好久，他

将一枚枚硬币投进储蓄罐，
像是投着一颗颗闪亮的梦想。
我相信，
播洒过的汗水，
总会不负众望。

的脸上露出一丝笑容。曼莎看到他的笑容，内心平静下来，她也微笑地与他对视，好像两个久别重逢的老朋友那般亲切自然。

“是呀，我能理解！”男人的面部微微抽搐，回答道，“我敢肯定，你一定会在这里继续干下去，而且你会干得很出色。”

顿了一下，男人走向曼莎，把手伸向她说：“我可以祝福你吗？”

握手以后，男人转身走出店门。

曼莎小姐目送着男人的背影消失，她转身走回柜台，把第六枚耳环放进去，此时此刻，她的眼睛湿润了，她在想，希望这样的日子早点过去，希望大家都好起来。

曼莎并没有采用极端的方法，也没有质问男人，她以宽容的心打动了男人，她找到了解决问题的最好方法。

很多时候，错过依旧完整，也正是因为错过，才能有更加完美的结果。

一位农夫，他有两只水桶，每天，他用一根扁担两头挑着水桶去河边提水。

两只水桶中间，有一个裂了道口子，所以每天他提水回来，这只桶里都只有半桶水，而另一只却是满满的。所以两年来，每天农夫都只能从河边提回来一桶半的水。

其中完美无缺的那个桶，它为自己的没有缺陷感到得意；而有裂缝的桶因为自己有缺陷不能把工作做好而羞愧。

经过两年的失败以后，终于，有裂缝的桶忍不住了，在河边，它鼓起勇气对主人说：“我真的很惭愧，因为我的裂缝导致漏水，这两年你都只能打半桶水回家。”

农夫笑着回答：“你看到没有，就在你那一边的路上，一路上开满了鲜花，但是另一边却没有。我早就知道你在漏，所以在你漏的那边撒了花种。每天担水的过程，你都在给它们浇水，我从这里采摘花朵来装饰我的家，要不是你的缺陷，我怎么能看到美丽的花朵并嗅到花朵的芬芳呢？”

有裂缝的桶听到这样的回答，心里的石头落了地，别提有多开心了。它是那么感激农夫的包容，因为包容，它才能够扬长避短；因为包容，农夫让它在错过后依然完整。

原来农夫早就知道，就像我们的生活，很多时候，我们那么忐忑不安、心有惶恐，其实大可不必。放下一些，要相信，错过依旧完整。

帝王蛾和布里的三根琴弦

学会接受生命中注定的残缺和不完美，
凡事都往宽处想，
才能看见生命的美丽，
才能领悟幸福的真谛，
才能真正拥有当下的自己。

生活本身就不是尽善尽美的，也正是因为有缺憾才显得多姿多彩。但是，大多数人常常忽略这种固有的“缺陷”，总是尝试寻找完美无瑕的生活，结果却在其中迷失了自己。

对生活的苛责，让许多人觉得人生充满荆棘和灾难，生活多数时候是痛苦的。对于他们而言，活着就是在忍耐，没有半点感恩。所以，为了能够过上自己所想象的那种完美生活，他们甚至不惜以牺牲此刻的幸福和快乐为代价。而当他们发现这其实是一种错误时，本该抓住的风景早已逝去。

有这样一种蛾子，长着一对长达几十厘米的大翅膀，既神气又美丽。大家把这种蛾子称为“帝王蛾”。成为“帝王蛾”的蛾子看起来又威风又美丽，但是，它们为此付出的代价也是其他蛾子所不能比的。

帝王蛾的生命是从一个洞口非常狭小的茧中开始的，等到它们长大到一定程度，可以破茧而出的时候，那个狭小的洞口可以说就是它们的“鬼门关”。虽然从未见过阳光的身躯依然娇嫩，但它们已经长大，它们需要拼尽全力才能冲出“鬼门关”，化蛹成帝王蛾。如果它们在往外冲的时候体力尽失，就会永远失去成为“帝王蛾”的可能。

有人觉得这样的生命考验实在太痛苦了，他们想帮助帝王蛾把生命通道修得完美一些。于是，这些人把茧子的洞口扩大了一些。这样，“帝王蛾”幼虫几乎很容易就可以从里面钻出来，少了许多痛苦。

但是，令他们想不到的是，这些从“完美”的生命通道出来的“帝王蛾”，无论如何都飞不起来，它们只能拖着已经丧失了飞翔功能的庞大的双翅艰难地爬行，再也没有帝王蛾飞翔时的威风。

原来，那个不完美的生命通道——狭小的洞口，是帝王蛾幼虫双翅得以飞翔的关键。只有在破茧而出的时候，双翅因为狭小的洞口的挤压才能完全充血，然后帝王蛾才能振翅高飞。而人们自以为“完美”的生命通道，却使帝王蛾的双翅失去了充血的机会，也就失去了飞翔的机会，而“折翼”的帝王蛾也不再是真正意义上的帝王蛾。

生命需要痛苦和曲折，也热爱苦难。当一切都圆满了，生命也就失去了那份鲜活，因为它已经没有什么需要改变，需要提升。就像一个弓箭手如果把弓拉到最满，那就意味着这把弓将会被折断。而如果你能够每次都不把弓拉那么满，它就可以用很长时间。

余秋雨说："没有皱纹的祖母是可怕的，没有白发的老者是让人遗憾的。"有时候，生命的不完美恰恰就是它的完美。

世界著名的小提琴家欧尔·布里在一次大型音乐会上，正在全神贯注地演奏，台下千百个听众也正如痴如醉地听着他的演奏。不幸的是，演奏到关键时刻，布里突然发现自己的小提琴琴弦断了一根。面对这样一把不完美的小提琴，布里的第一反应就是演出还要继续。

于是，他选择了用这把不完美的小提琴进行一场完美的演出。他就像拿着一把完好的小提琴一样继续演奏一段又一段美妙的旋律。

最后，这场音乐会获得了空前的成功。当布里高高地举起手中的小提琴对观众示意感谢的时候，那根断掉的琴弦一下子就引起了大家的注意。谁都没有想到布里居然是用这样一把只有三根琴弦的小提琴完成了如此精彩的演出。所有的观众都用最热烈的掌声来表达对这位技艺高超的小提琴家的敬意。

当被记者问到是如何用三根琴弦的小提琴完成这场演出的时候，布里笑着说："不完美的小提琴同样可以演奏啊！这就像我们的人生，当你遭遇不幸时，只要你怀着一颗宽容的心，忽视这些不完美，照样可以获得幸福。”

当生命遭遇断弦，你是否能够宽容这份缺失，然后用剩下的三根弦努力演奏出一个同样精彩的人生？要知道如果你紧紧盯着眼前这一根断掉的琴弦，不停地抱怨，你就会忘记脚下的路，忘记前方的目标，甚至失去原本属于你的光彩动人的生命。

接受并宽容生命中的不完美，在努力和奋斗中造就完美，你将会发现，因为你的珍惜，此刻的生命最美丽。

Philosophic life

每个人的生命都不完美，可是有的人，能在人生的缺憾与局限中不断努力，最终有所成就；有的人，却只会对生活设下的障碍抱怨连连，结果一事无成。你想成为那种人，过哪一种生活，不在于生命是否完美，而在于你是否能在不完美中保持一份良好的心态，在缺憾中勇往直前。

愿你的人生，在遗憾中步步为赢

人生因为有遗憾才有对比，
有对比才有感触，有感触才有珍惜，
有珍惜才能获得幸福。

人生中充满了各式各样的遗憾，遗憾构成了我们的人生。但面对人生，既不能死盯着遗憾不放，更不能每天在后悔中度过，要懂得这些都是人生的常态，然后放下遗憾，把努力投入到现在的生活中，活在当下。

从前有一个老农夫，他挑着一根扁担大步流星地往前走。扁担上悬挂着一个装着绿豆汤的壶。突然一不小心，他跌了一跤，壶掉到地上摔了个稀巴烂。农夫抖了抖衣服，若无其事地继续向前走。

这时，一个人跑上前来很激动地阻止他说：你没看到壶碎了吗？

农夫说：我当然知道。我听见它破碎的声音了。

那人问：你怎么不转身看看要怎么办呢？

农夫说：碎都碎了，我转头看它干吗，汤早都流光了，我还能怎么样？不如早点回家，新熬一锅绿豆汤更加实际。

农夫能以这样坦然的心态来面对遗憾，不得不说是人生的一大境界。的确，丢弃旧的东西，将目光朝向未来，才是睿智的行为。

有这样一对夫妻，男人很喜欢静静地看着美丽的妻子，但是不喜欢听妻子唱歌。而妻子恰恰喜欢别人听她唱歌，不喜欢别人盯着她一直看。

因为如此，两个人经常发生争吵。终于，矛盾实在无法调和，两个人决定离婚。可是因为没有房子住，所以两个人仍然住在一个房子里。同一屋檐下，矛盾日益增长。于是，他们总是主动用自己喜欢的、别人不喜欢的方式去惩罚对方。男的只要一抓住机会，就盯着女的看，女的只要一抓住机会，就使劲唱歌。没多久，男人的眼睛得了怪病，没法治愈，于是瞎了；女人的嗓子也因为唱得太多，哑了。

从此，房子里没有了歌声，也再没了凝视。可是两个人却因为如此再也不吵了，反倒是心态更加平和。到了最后，他们竟然又重新接纳了对方，复婚了。

这时候，他们明白了一个道理：放弃一些东西，远比得到什么东西更加重要。懂得遗憾，才是懂得了人生。

·Part 02·

绊脚石才是人生垫脚石

有时候，

成就我们的，

不是那些春风得意的时刻，

而是那些曾经迷茫失意的岁月里，

笑中带泪的瞬间。

逆境中“舞出我人生”

潇洒是豁达、是超脱、
是拿得起、放得下的胸襟。
困境中的潇洒更是一种明智，
更有极重要的价值。

有一首歌叫作《潇洒走一回》，我们既然已经来到人世间，也应该努力让自己活得潇洒，才不辜负这充满酸甜苦辣咸的人生。

春风得意时潇洒容易，失意潦草时潇洒就难了。然而我们要提倡的，恰恰是在困境中能坚守心灵，在失败中能淡然站起，在挫折中能平静前行的洒脱。

在那场十年浩劫中，某大学的两位音乐教授被打成右派，同时被下放到农场，他们每天做的工作就是为农场的牲口铡草。一年后，一位教授忍受不了折磨，含恨而逝。另一位教授却依然精神抖擞，每天平静地干活。

“文革”后，活下来的教授得以重返学校教书。被问及在当时那么绝望的环境下如何生存下来时，他很平静地说，每次铡草，我的铡刀都是按照4/4节拍来的，铡草于我，和欣赏音乐没什么分别。因此，我一直是快乐的。

不要让苦难成为人生路上的绊脚石，不要让洒脱的心境只成为万事顺心时的点缀。无论身处何时何地，我们都要有笑看风云的勇气和心境。虽然窘境有时会让我们很无奈，但它也能磨炼我们的意志，使我们提升境界，走向成功。所以，不要对它避之不及，如果躲不过就主动迎上去。记住坎伯曾说过的话："我们无法消灭这个世界的苦难，但我们可以选择快乐地活着。"

帕格尼尼是世界著名的小提琴家，但他的苦难却和他的成就一样多。帕格尼尼4岁时，患上了麻疹，在强制性昏厥症的折磨下，他差点丧命。等他7岁时，他又得了严重的肺炎，经过大量放血治疗后，几乎丢了大半条命。他从13岁起开始流浪，每天饥一餐饱一餐。等他46岁时，灾难再次光顾。他的牙床长满了脓疮，只好拔掉了所有牙齿。可没过多久，他的眼睛也出了问题，几乎变成瞎子。50岁后，各种疾病接踵而至：关节炎、肠道炎、喉结核……他的声带也坏了，再也发不出声音。57岁时，他吐血而亡。然而灾难并没有结束，他死后，尸体被移了8次，不得安宁。

苦难是帕格尼尼的情人，但他把她拥抱得那么潇洒而热烈。面对这些常人难以忍受的磨难，帕格尼尼没有悲哀也没有绝望，而是"潇洒"地投身到音乐中，创造了让世界落泪的奇迹。

跌倒了不怕，从跌倒的地方站起来飞扬就是了。受挫了不怕，从中吃一堑长一智不再重蹈覆辙就是了。失败了不怕，大不了从头再来，掸掸身上的尘土再拼上一场！唯有洒脱地面对一切艰难困苦，生活才会变得不再坎坷，露出温和的笑脸。

梅西生于1882年的波士顿。他是个野心勃勃的人，一心想在商业上干出一番成就。

他先开了一家小杂货铺，主要卖些针线。可铺子很快倒闭了。

他不灰心，另开了一家小杂货铺，仍然赔了个底朝天。

后来，他看到许多人去加利福尼亚淘金，他也跟了过去。他开了个饭馆，想为那些淘金者供餐。谁知大多数淘金者都一无所获，穷困得连饭也买不起。梅西的餐馆只好关门大吉。

回到马萨诸塞州之后，梅西开始倒腾布匹。这一次更惨，他彻底破产了，只好远走新英格兰。

在新英格兰，梅西又做起了布匹服装生意。在他的努力下，事业终于走上了正轨。后来，梅西公司成为世界上最著名的百货商店之一。

“老当益壮，宁移白首之心；穷且益坚，不坠青云之志。”当我们哀叹“时运不济，命途多舛”时，不妨想想古今中外的这些潇洒名人，看他们是怎样直面挫折，笑看人生的。困境没有压垮他们，反而成就了他们千古飘逸的浪漫情怀！相比之下，我们受到的一点小失败、小打击，又何足道哉?

让我们笑对困境，不管风高浪急，且无拘无束地潇洒走一回吧！

适时妥协，有何不可

人生在世，固然需要承受外界的压力；
可在实在身心俱疲时，
不妨稍微弯曲一下。
偶尔的弯曲不是妥协，而是理智的忍让，
是为了更高傲地再次站起。

一直以来，我们都崇尚青松的高耸无畏，翠竹的宁折不弯，却忘了有时候弯曲一下也是一种生存的妥协。弯曲不是让我们事事退让，处处放弃，而是在实在无法改变现状、无法扭转局势时有策略地做一些让步，从而保存自己，以利于以后的进取。

在加拿大魁北克地区有一条山谷，它的西坡长满雪松、柏等树木，而东坡却只生长着雪松。谁也不知道为什么会出现这种现象，许多科学家都觉得这是一个谜。然而，这个谜底被一对夫妇揭开了。

这对夫妇个性极强、互不妥协，他们本来面临着即将破裂的婚姻。来到这里的初衷，是打算做一次浪漫之旅。如果能找回昔日的爱情就继续生活，否则就分手。

这对夫妇来到山谷的时候，天上突降大雪。望着漫天的雪花，他们突然发现了一个奇怪现象。由于风向原因，东坡的雪比西坡的雪大得多。当雪积到一定程度时，东坡的雪松枝丫就会弯曲一下，让雪滑落。而西坡由于雪小，所以大多数树上积的雪不多，也没有被压垮。

妻子兴奋地说："东坡肯定原来也长过别的树木，只是那些树不会弯曲，所以最后都被大雪压断了。"

这时他们忽然明白了，夫妻之间相处，也应该学一下雪松；在承受不了彼此的压力时，学会弯曲一下，退让一步，就会生活得更加美好。

只有面对现实，才能超越现实。做人也一样，偶尔弯曲一下有什么关系？暂时的弯曲不是奴颜婢膝，而是为了更好地站起。这是一种生存的手段。一味的强硬，一味的硬撑，只会给自己带来不必要的伤害甚至牺牲，看似高尚，实则愚蠢。只有做到刚柔并济，懂得低头，才能保护自己。

曾经有人问一位智者："有人说你是天底下最有学问的人，我想问一个问题：天与地之间高度是多少？"智者微笑着说："三尺！""胡说，我们每个人都五六尺高，如果天地之间只有三尺，那我们还不被压死啊？"智者笑着答道："是啊，凡是高度超过三尺的人，要想立于天地间，就得懂得适当地低下头来。"

人生漫长，前路莫测。在前行时难免遇到碰壁饮恨、伤心失意的时候。碰壁并不可怕，可怕的是撞到南墙也不回头，痛不思变。当外界压力和阻力过分强大时，暂时的低头是一种自我保护，并不意味着卑屈和不顾人格，而是一种艺术的处世方法和明智的选择。学会低头，也就学会了审时度势，把握全局。小不忍则乱大谋。适时低头可助你顺利跨越生活中意想不到的障碍，免受无谓的伤害。那些永远都坚守原则、不肯后退的人固然值得钦佩，但却不值得学习。只要秉持本心，只要自己知道内在的心灵没被污染，我们就应该遵循张弛有度、外圆内方的道理，让自己不至于成为不通人情世故的顽固派。

红军二万五千里的长征，是为了新中国保留革命的火种；浪潮的暂时性退却，是为了下一次能冲得更远，而我们，暂时在坚固的困境面前回避，也不一定是懦夫的行径。告诉自己，没什么大不了的。不就是暂时性失利嘛，我们会反攻回来的。如果总是计较于一时一地的得失，那就可能失去了未来的长远利益。偶尔的小小失败就让它如浪花般消失在岁月中吧，我们要迎接的，是不久将来的大胜利！

雷墨曾说过：“低头是需要勇气的。”的确，否则世间也不会有那么多明知会输，依然执迷不悟的赌徒。有些人常常以各种理由横冲直撞，以不屈不挠、百折不回的精神宁折不弯，结果却常常输掉了自己的幸福。在生活中偶尔弯曲一下，是一种洞察世事的智慧，也是一种人情练达的豁然。

Details

当失败被雕刻成艺术品

当所有门被关上的时候，
上帝总会为你开启一扇窗户。
当你觉得无路可走的时候，
不妨试着去寻找自身的优点与特长。
只要清楚自己的专长，
每个人都会找到一片属于自己的天地。

迈克从小学习成绩就很差，经常遭到老师的批评。上中学的时候，校长对他的母亲说："你的孩子理解能力实在太差了，他根本就不适合读书。"

从此，迈克便辍学在家。母亲希望他能考上大学，亲自教他读书，然而，无论母子二人怎么努力，似乎都无济于事。一天，迈克路过一家正在装修的超市，看见一个人正在超市门口雕刻一件艺术品。出于好奇，他凑上前去仔细观察了起来。

回家后，他找来一块木头，学着雕刻玩具，一个小木人竟然被他雕刻得有模有样。不久之后，母亲发现迈克只要看到木头、石头等材料，就会认认真真地打磨，然后刻成各种各样的小东西。迈克似乎有这方面的天分，但是母亲却不愿意他因这些无意义的事情而耽误学习，她教训过迈克，可他却没有放弃这项业余爱好。

十八岁那年，迈克去考大学，然而成绩差得出奇，没有一所大学愿意录取他。母亲为此伤透了心，她失望地对迈克说："以后你爱干什么就干什么吧，我再也不管你了！"

在母亲的眼中，迈克已成为一个不折不扣的失败者。他很难过，但是他清楚，没有考上大学并不代表他不优秀，他觉得自己的人生不能就这样败下去，于是他决定一个人去外地打拼。

离开家以后，他当了一名雕刻工人，工资很低、工作很辛苦，但喜欢雕刻的他坚持了下去。

这样过了很多年，他逐渐在雕塑领域崭露头角了，最终成了一位大名鼎鼎的雕塑师。成名后的他，接受记者采访的时候说："大学里没有我的位置，但生活中有我的位置。学校不愿意接收我，但我所热爱的雕刻艺术领域为我留了一片天地。"

Details

摔过跟头，才能铺就锦绣

犯错不重要，
重要的是能否从错误中汲取经验，
在不断的磨砺中，
成就一个更强大的自己。

人非圣贤，孰能无过。在漫长的人生中，每个人都难免会犯错，会失败。犯错并不可怕，关键是要懂得如何利用错误让自己得到提升，让错误成就自己。人总要在犯错之后，才能领悟其中的原因，才会在改进中慢慢走向成功。当我们把一个个错误踏在脚下，必然能够到达成功的高度。

生活中，即使最聪明、最成功的人也同样遭受过错误和失败，而这些人与失败者的不同之处仅仅在于，他们深深地知道，没有错误就没有正确，错误造就的失败才能铸就成功，这也是我们生存必须要付出的代价。只有那些从错误和失败中汲取经验和教训、让逆境考验自己、在逆境中不断地提升自己的人，才能真正收获成功的人生。

她从小就喜欢唱歌，仅仅是喜欢，并没有经过什么专业的训练，但是唱得还不错。听说有家电视台在举办歌唱比赛，同学们便怂恿她去试试看。几轮比赛下来，她居然进入了三十强，心中自然有些小小的得意。

三十进二十比赛那天，她因为头天晚上没有休息好，唱歌的时候状态不太好，中间居然还出现了忘词的情况。在第一轮比赛过后，主持人出人意料地说：“这一轮，让我们来评出一个最差歌手，也就是说，这个人要唱功差，着装差，状态差。”

这是一件非常尴尬的事情，一般比赛都是评出最优，从来没有一个比赛会评选出最差的。这对于参赛选手来说，简直是一场灾难，而对于刚刚出错的她来说，更是一场灾难。

十分钟过后，最差歌手被评选出来，并且当场公布。是她，居然真的是她。她一脸震惊，一时不知如何反应。这时，主持人说：“请您往前走一步。”她机械地走了出来，眼泪在眼眶中打转，她几乎就要哭出来了，可是她不想在众人面前丢脸，强忍着泪水。

主持人和评委开始你一句我一句地说她唱功如何不专业，服装搭配如何不协调，唱歌时如何不在状态……她静静地听着，突然觉得自己刚才免费上了宝贵的一堂课。她知道了怎样唱歌才会更动听，衣服要怎么搭配才会更好看，唱什么歌时应该有什么样的状态和情绪，而这些是她以前从来都没有接触过的。

想到这里，她对着主持人和评委点点头，笑着说：“我知道

坐在倒挂的雨伞上，
手拿长长的钓竿，
和每一条游来的小鱼说你好，
我钓的是心情，
它们游的是人生。

了，下次一定会注意。”然后带着微笑，耐心倾听。

接下来，是第二轮和第三轮的比赛。大家都以为她会自暴自弃，可是她在比赛中的表现竟然一轮比一轮好。到最后，奇迹诞生了——在第一轮过后被评为最差歌手的她居然第一个进入二十强。

记者采访时问她：“第一轮之后，你是怎么顶住这么大的压力来面对评委的责难的？”

她笑着说：“我很高兴在第一轮的时候我出错了，被评为最差歌手。是逆境使我得到考验，让我离成功更近一步，是逆境成就了我。”

有人曾说：“逆境给人宝贵的磨炼机会。只有经得起环境考验的人，才能算是真正的强者。自古以来的伟人，大多是抱着不屈不挠的精神，从逆境中挣扎奋斗过来的。”

钱学森说：“正确的结果，是从大量错误中得出来的；没有大量错误做台阶，也就登不上最后正确结果的高座。”每一次的错误，都会使我们更加迫切地寻求正确的东西；每一次从错误中得来的经验教训，都会使我们更加小心地避开前方的错误，从而使走向成功的路更加平坦。所以，是错误铺就了成功之路。

每个人最好的成长都在错误中。人生中最可怕的事情就是不能从错误中汲取智慧，反而让错误重复发生。成功的秘诀就是不让错误重复，在错误中寻找成功的萌芽，让错误成就自己。

Details

经历跌跌撞撞，才能越变越强

挫折带给庸人的是苦难，
却是杰出者最宝贵的财富。
上帝是公平的，
他在给你一分天才的同时，
也必然搭配几倍于天才的苦难。

挫折和苦难就像一条狗，总在不经意时向我们扑过来。如果我们选择畏惧和躲避，这条“势利”的狗就会凶残地咬住我们不放。但如果我们直面它并直起身子，朝它挥舞拳头大声吆喝，它就会灰溜溜地夹着尾巴逃走。

格连·康宁罕是美国体育运动史上一名伟大的长跑运动员。他的光辉成就被载入史册，保存于美国人的记忆中，而这位伟大的运动员却是在挫折当中成长起来的。

一场爆炸事故为年仅8岁的康宁罕带来了巨大的痛苦，他的双腿严重受伤，两条腿上连一块完整的肌肉都没有。医生甚至断言，他

今生再也无法行走了，这对还是个孩子的康宁罕来说简直是太残忍了。但小小年纪的他面对如此重大的挫折没有掉一滴眼泪，

而是大声对自己的父母发誓："我一定会重新站起来的！"

在这种信念的支撑下，康宁罕在手术之后两个月便开始自己尝试下床走动。为了不让父母看到自己的样子难过，他总是背着父母练习走路。虽然钻心的疼痛一次次将他击倒，但是在他的意识里从来都没有过放弃的念头。即使摔得遍体鳞伤他也毫不在意，因为他一直坚信自己还可以站起来，可以走路，可以奔跑。

坚持了两个月之后，康宁罕的腿可以慢慢屈伸自如了，这个成就让他无比兴奋。他想起距自己家大约300米的一个小湖泊，那是他和小伙伴们经常玩耍的地方，他向往再一次跟伙伴们一起在碧蓝的湖水里游泳嬉戏。为了这个目标，康宁罕站起来奔跑的决心更加强烈了。

两年后，他终于完成了这个目标，他可以自己走到那个小湖边了。但这还不算完，这个被医生断定会残废的孩子开始练习跑步。他每天追着农场上的牛马跑，数年如一日的坚持，让他的双腿奇迹般地强壮起来。他不仅能跑能跳，还成为美国历史上非常著名的长跑运动员。童年的挫折不仅没有成为毁掉他一生的磨难，反而成为成就他辉煌的契机，可见，上帝还是公平的。

唯有那些在挫折中成长的人才懂得挫折的可贵，才懂得是挫折让自己成长，才懂得感谢挫折。越是这样的人，才越容易取得辉煌的成就。

Details

先苦后甜，助力破茧成蝶

失败难免让人有挫败感，
很多时候我们并不是被失败打败，
而是被挫败感困住了前进的脚步。

坎坷和失败对于一个人的成长来说是一件好事。孟子说过：“天将降大任于斯人也，必先苦其心志，劳其筋骨，饿其体肤，空乏其身，行拂乱其所为，所以动心忍性，增益其所不能。”这并不是什么冠冕堂皇的大道理，而是一种对人生的感悟。人生太顺利了其实对成长并没有好处。挫折和失败在人生当中总是难免的，它出现得越早，我们的内心才能在抗击它的过程中变得越坚固，也才能让以后的人生走得更坚定。就像下面的这个故事：

有一个小男孩儿在草地上玩耍时发现了一个蝶蛹，他觉得很好玩，于是就把它带回了家。妈妈告诉他，过几天这只蛹里就会钻出一只美丽的蝴蝶，于是孩子热切地等待着。

几天以后，小男孩儿终于发现蝶蛹上出现了一条小裂缝，他看到缝里的蝴蝶在挣扎，一只美丽的蝴蝶就要诞生了，这让他很是兴奋。可是，几个小时以后，他盼望的事情仍然没有发生，蝴蝶依然在里面挣扎着，它的身体好像被卡住了，一直钻不出来。孩子很想帮这只可怜的蝴蝶一把，因为它看起来好像越来越虚弱了，他真怕它还没出来就闷死在里面。于是，小男孩拿来一把剪刀，非常小心地剪开厚厚的蝶蛹，蝴蝶终于出来了。但是这只蝴蝶并不像妈妈说的那样美丽，它翅膀干瘪、身躯臃肿，根本就飞不起来，而且没有多久就死去了。

小男孩儿很伤心，他跑去问妈妈这是为什么，妈妈告诉他，是他帮了倒忙，他用剪刀剪开蝶蛹让蝴蝶失去了成长的机会。因为蝴蝶的成长必须在蛹中经过痛苦的挣扎，直到它的双翅强壮了，才会破蛹而出，才能展翅飞翔。

蝴蝶是这样，人也是这样，成长本身就是一个痛苦的过程，我们需要经历各种各样的痛苦、挫折、磨炼，才能脱颖而出。所以，人越年轻越不能害怕挫折与历练，因为那是我们成长的阶梯，是它让我们的翅膀变得坚强，让我们拥有振翅高飞的力量。

当我们在还很年轻的时候就将所有的挫败感用完时，失败和挫折也就不可能再奈何我们。彩虹总是在风雨过后才会出现，而只有能够经受住风雨洗礼的人才可能看到它的美丽！

Details

让折磨来得更猛烈些吧

向我们提出最多苛刻要求的人，
往往也是对我们满怀期望的人，
是他们的苛责助我们成长，
他们的忠言鞭策我们前行。

罗曼·罗兰曾经说过：“从远处看，人生的不幸和折磨还是很有诗意的，一个人最怕庸庸碌碌地度过一生。”的确，假如我们一直就像在平静无波的海面上行驶一样平淡生活下去，到最后，我们就会既失去了面对风浪的能力，也没有留下一丝可堪珍藏的回忆。

经历过风雨的人生才能更加丰满向上，而那些曾经给我们折磨的人，都是磨刀石，让我们在痛苦和摩擦中，重塑一个更好的自己。

曾经有一座寺庙，规模宏大、香火旺盛，这一年，寺里决定再雕刻一尊更大的佛像，西天如来就派了一个罗汉来到人间，这位罗汉最擅长雕刻佛像。

星星蛋糕
做一块有三张笑脸的蛋糕，
在弥漫的香味里舞蹈，
快乐其实可以很简单，
做喜欢的事就好。

罗汉到了庙前，从一堆石料中选择了一块看起来材质很不错的石头开始雕刻，可是当他拿起凿子刚刚凿了几下，这块石头就受不了了，大喊着：“疼死我了！快停下！”罗汉摇了摇头劝说道：“只有经过了这番雕刻，你才能变成佛像，忍一忍，马上就过去了。”说完了就继续开始雕刻。

可是没凿几下，石头又开始大喊：“快停下吧！实在太疼了！”这样喊了一会儿后，罗汉听得心烦不已，于是按照石头的意愿停止了雕刻，丢开了它，找了另外一块资质较差的石头重新雕刻。

这块较差的石头知道自己的天生条件并不好，能被选中分外感激，所以不论罗汉怎么在它身上敲敲打打，它都始终默不作声地忍着，咬牙撑了下来。几天之后，石头变成了一尊高大庄严的佛像。大家对罗汉的技艺赞叹不已，把这尊佛像恭恭敬敬地放在了神坛上，从此开始接受香火供奉。

原来的那块资质较好的石头，因为不肯接受琢磨，只好被用来铺了路，日日被脚踏车碾，它看到佛像高高在上，心里非常不平，质问佛祖说：“那块石头明明资质条件比我差多了，凭什么它高高在上，我就要被人践踏呢？这太不公平了！”佛祖淡淡地笑了，回答说：“它的条件确实不如你，但那份荣耀来自于当初一锤一凿的折磨和痛苦，既然你不能承受那折磨，那么就只好安于你现在的命运了。”

其实，我们每个人其实都是一块普通的石头，也许有人天生条

件较好，但是最终决定我们命运的，不是那条件，而是我们是否有能力承受社会、他人带给我们的折磨和打击。

乔治在纽约郊外一家著名的度假村做厨师，在一个忙碌的周末，一个服务生端着一盘炸马铃薯回到了厨房，对乔治说："这是一位客人点的，可是他说马铃薯切得太厚了，他吃不下。"

乔治看了看盘里的炸马铃薯，并不觉得有什么问题。不过作为厨师，他还是重新切了一盘比较薄的马铃薯片炸好了让服务生送了出去。

但没过一会儿，服务生又端着盘子回来了，愤愤不平地说："这个客人简直是不可理喻！我看他一定是在别处受了什么气，所以到我们餐厅来发火，他还是嫌马铃薯切得太厚了，要求再重新做一份！"

乔治虽然不太高兴，可仔细想了想，还是重新切了一份薄到近乎透明的马铃薯片，炸好送了出去。服务生很快回来后兴高采烈地说："那位客人终于满意了，他说他从来没吃过这么好吃的炸薯片！"

就这样，乔治的炸薯片成了这家度假村的招牌食品，远近闻名，慢慢地流传开来后，马铃薯也用洋芋片来代替，终于发展成为今天我们在世界各地都能见到，并且广受欢迎的一种休闲食品。

就像乔治一样，当看似不合理的责难向我们迎面击来时，如果我们能够在此刻保持冷静，愿意去继续尝试，往往就能从这责难中找到一条通向成功的大道。

Details

拥抱困境，成就自己

我们面前的每一次伤痛和困境，
都是一次难得的机会，
战胜它并不容易，
但是那收获也绝不会单薄。

生活不会永远是一条坦途，可是遭遇坎坷有什么不好呢？没有上山的辛苦，又何来下山的愉悦；没有谷底的幽暗，怎见得峰顶的光明。

所以，我们不妨将遇到的障碍都看作一个超越自我、做出更大进步的契机，人的潜力是不可限量的，正是这个障碍，给了我们发挥潜力的机会，让我们做到平常我们以为自己做不到的事情。

西绪弗斯是美国的一位登山家，在他把登山作为事业和使命的10年间，他成功地挑战了世界上著名的几大高峰，最后，他把目光指向了世界第一高峰——珠穆朗玛峰。

当他已经在珠穆朗玛峰上爬到6000米的高度时，却再也难以前进一步，医生告诉他，他的心脏难以支撑下去，他必须放弃，否则只有死路一条。看着遥远的雪峰，西绪弗斯心中充满了伤痛和遗憾，他毫无办法，只能选择离开这里。

就在他准备回国的时候，珠峰脚下的乡村吸引了他的注意力，他发现那里竟然连一所小学也没有，四处游荡的孩子们好奇而又懵懂地看着各地的登山家们来来往往，知识却贫瘠得可怜。西绪弗斯心中生出了一个念头：自己这辈子显然再也无法登上珠峰了，而登山的事业也就此告终了，那么我为什么不为这些孩子做点什么呢？

于是，回国后的西绪弗斯开始在世界各地演讲并且筹集资金，然后返回到珠峰脚下，在那些贫穷的山村里建立起一所所学校。十几年来，西绪弗斯通过自己的努力，已经使上万名孩子获得接受基础教育的机会。

回想起当年的事情，西绪弗斯笑着说："我很庆幸自己当年没有登上珠穆朗玛峰，不然，我绝不会想到要去为这些贫困的孩子做点更有意义的事情，当我看到山脚下的人们时，才发现，原来成功不一定就是登上峰顶，也可以是另外一种样子。"

每一处困境，都有它正面的价值，但是这价值不会摆在那里让我们一眼就看到，而需要耐心地寻找，我们为什么不低头找一找呢？

史蒂芬是内华达州一家材料厂的员工。这天黄昏，一直干燥的天气忽然下起了大雨，材料厂的工作进度受到了影响，直到天黑，工厂里仍然保持着紧张的节奏，一批批工人冒着大雨将新到的货物搬进仓库中。

货物如果进水就会报废，作为仓库管理员的史蒂芬非常紧张，他既要抓紧时间抢着帮忙搬东西，还要清点货物的数量，每项工作都不能有任何差错，都需要完整清晰地记录在案。

然而就在又一批货物被运进来的时候，史蒂芬发现自己的笔写不出字来了，不管他怎么使劲用力，始终写不出一个字来，货物不断地运进来，史蒂芬急得如同热锅上的蚂蚁一样，如果这里记录有误，自己的工作就将不保，因为他本来应该为自己准备备用笔的。

就在这时，焦急的史蒂芬听到远处指挥搬运的老板大喊着："记下来没有？"就在这一瞬间，一个主意从他脑中冒了出来，他也大声回答："记下来了！"然后使劲将尖锐的笔尖刺进了手心里，就着红色的鲜血在记录本上写下了数字。第二天，史蒂芬将这些数字输入了电脑，顺利地完成了这次货物交接。

不久，公司老板听说了这件事，他对史蒂芬的做法非常满意，于是将他提升为仓库管理部门的主管。多年以后，早已位居公司高管职位的史蒂芬还经常把那张用血写成的收货单拿给自己的儿女们看，对他们说："我一直留着它，就是要提醒自己，过去曾经有过这样艰苦的时刻，可是它也成就了我。"

当身陷困境、求助无门的时候，与其抱怨，不如擦干眼泪尽其所能面对事实，让障碍与苦难成为人生路上的宝贵经历与财富。

安迪·葛鲁夫的咖啡人生

人人都希望一帆风顺，
但实际上，太过顺遂的人生反而乏味。
障碍与挑战，
其实好比世间调味的盐，
能让一道菜变得有滋有味，
也能让人生更加丰富饱满。

人的一生当中，总会遇到艰险，可是因为有亲人朋友的关爱，一切都变得可以解决，再苦再累的人生，也都充满生气，变得快乐。就好像一杯咖啡，喝起来有些苦涩，可是细细品味起来，苦涩变成了甜蜜，而且充满浓浓的香气。

咖啡是苦的，人生却是甜的，因为我们都在不断地重新认识自己，即使遇到挫折，只要不放弃，就会重新振作。伤口总会愈合，只要怀着一份快乐的心情，一切都会豁然开朗。

英特尔公司的总裁安迪·葛鲁夫出身贫寒，从小就受人蔑视，

亲爱的小松鼠，
为什么你的脸上挂着泪珠？
是弄丢了寄给外婆的信，
还是找不到回家的路？
不哭，不哭，
没有什么大不了，
让我们从头再来。

经常缺衣少食。他那时候就暗自发誓，一定要出人头地。

大学期间，他充分展现出自己的商业才能，在市场上买各种半导体零件回来，组装之后再低价卖给同学，从中赚取差价。因为他组装的半导体比原装产品便宜很多，但是质量却很棒，所以在同学中卖得很好。与此同时，他的成绩也非常优秀，所以，经常有老师表扬他不仅学习好，而且智商高。

然而，让大家意想不到的是，安迪·葛鲁夫其实是个非常悲观的人。也许是因为出身于贫困家庭，他凡事都喜欢极端化，这样的性格特点在他以后经商的道路上表现得淋漓尽致。

安迪·葛鲁夫第三次破产了。这一天黄昏，他来到一条河边散步，他想到了去世的父母，想到了自己那么辛苦才创下的产业，心中阴云密布，他很苦闷，他觉得自己的人生是一出悲剧。

悲痛欲绝的他本想号啕大哭一场后跳河自尽，以求立刻解脱，从此世界上的愁事都和他没有任何关联。可是，就在这时候，河的对岸突然走过来一位看起来憨憨的男青年。只见他背着鱼篓，哼着歌，一副非常快乐的神情。他就是拉里·穆尔。

安迪·葛鲁夫被他的情绪感染，不禁问道："您好，先生，请问您捕了很多鱼吗？"

拉里·穆尔依旧开心地回答："没有呀，我今天一条鱼都没捕到呢！"说着，他还打开了鱼篓，果然里面空空的。

安迪·葛鲁夫不解："明明一无所获，您为什么还那么高兴？"

拉里·穆尔说："我捕鱼可不全是为了赚钱哦，更是为了享受捕鱼的过程。难道你没发现，被晚霞刚刚渲染过的河水要比平时美丽一百倍吗？"

就是这一句话，让安迪·葛鲁夫豁然开朗。之后，就是这个对做生意一窍不通的拉里·穆尔，在安迪·葛鲁夫的再三请求之下，成了英特尔公司总裁安迪·葛鲁夫的贴身助理。

很快，英特尔公司以奇迹般的速度重新崛起，安迪·葛鲁夫再次成为美国巨富。其间大家都对拉里·穆尔提出过质疑，但只有安迪·葛鲁夫知道他对自己是多么的重要。

安迪·葛鲁夫冷静地说："的确，他什么也不懂，但是我并不缺少他懂的这些，而是缺少他在苦难来临时候的那种积极乐观的态度，因为这样的好心情，总能让我一同被感染而不会做出错误的决策。"

对安迪·葛鲁夫来说，拉里·穆尔就是咖啡里的方糖。没有他，咖啡就显得分外苦涩，有了他，咖啡就变得醇香。其实，拉里·穆尔代表着一种精神，他的乐观和积极告诉我们，咖啡也许是苦的，人生却是甜的，只要加上一点点的调味剂——乐观。

·Part 03·

生活这场戏，悲喜都在心态里

“只有半杯水”，

“还有半杯水”，

不同的用词折射出不同的心态。

悲观的人只能听见绝望的哀鸣，

乐观的人却总能看到希望的曙光。

不做杞人，不忧天

中国人喜欢“未雨绸缪”，
讲究“凡事预则立，不预则废”，
所以经常忧心忡忡地为明天打算，
被想象中的困难和问题挤走了今天的快乐。

有这样一位女士，因为先生工作调动而不得不辞去公职来到北京。来北京后，她在一家小公司打工，每天长吁短叹，发愁老了没有退休金怎么办，发愁生病怎么办，她的这些忧愁和抱怨让同事和朋友听得很厌烦。

后来，随着工作业绩越来越好，她的忧愁和抱怨也越来越少。现在，她已经是一家小公司的老板，虽然公司规模不大，但因为有稳定的客户资源，利润和前景都不错。回首以往，她自嘲地说：“一直觉得杞人忧天很可笑，可没想到我也当了一回‘杞人’。”

现实生活中的“杞人”又何止她一个？处在这个多变的年代，人们普遍存在不安全感，远虑近忧一起袭来，整天深陷烦恼中不可自拔，愁了工作愁房子，愁了房子愁车子，愁了车子愁孩子，愁了孩子愁养老，总之人生没有一事不发愁。殊不知，你担心的好多烦恼会随着时间流逝而自然化解，何必让不一定会到来的烦恼挤走今天的快乐？

美国第七任总统安德鲁·杰克逊的家族有瘫痪性中风的病史。在杰克逊的晚年，他一直担心自己会中风。虽然他的身体很好，但他始终不能摆脱家族病史给他带来的心理阴影，并经常试探自己有没有中风。

有一次，杰克逊和一位年轻的小姐下棋。两人边下棋边兴致勃勃地聊天。突然，杰克逊举着一颗棋子睁大了眼睛，面色苍白、满头是汗地瘫倒在了椅子上，棋子也从他的手中滑落。

那位小姐惊叫起来，朋友们慌忙跑过来查看情况，现场一片混乱。

“你到底怎么了？”朋友们焦急万分地问他。

杰克逊表情十分痛苦，喃喃地说：“我得了中风，右半侧身体已经瘫痪了。我果然还是不能逃脱这样的命运。”

“你确定吗？”朋友们很惊讶地问。

“刚才我用手在右腿上捏了几把，一点感觉都没有。”杰克逊呆呆地说。

“总统先生，如果是这样的话，您可能并没有中风。”那位小姐有点难为情地说，“因为您刚才捏到的是我的腿。”

我们总喜欢殚精竭虑地构思明天，想为明天准备好一切条件，清除一切障碍，却忽略了享受今天。时间一天天流逝，一个个明天变成了昨天，可我们的心中仍然只有明天。我们不断预支着明天的烦恼，也不断透支着生命。

不要让明天的乌云遮挡了今天的阳光，不要让明天的烦恼困扰今天的自己，让我们好好把握现在，享受现在，成就生命的精彩！

心情小札

Philosophic life

忧虑会影响心情，磨蚀幸福，更会让一个本来神色温和的人变得憔悴忧惚。关于悲欢离合，我们既然无法预测，唯一能做的就是把握好当下的每一分钟，带着一颗感恩而向上的心，去体味生命的美好，勇敢面对可能到来的坎坷。

很欣慰，我的世界早已满满当当

只要活着，

你就至少还拥有生命、拥有自己。

人的幸福和成功并不取决于拥有的多少，

而在于你怎样对待并利用你的所有。

一位年轻的美国画家，怀揣着美好的理想踏入社会。他的一次次努力，换来的不是金钱、鲜花、掌声，而是一次次的失败。后来他只好借用一间废弃的车库，以极低的报酬为教堂作画。

在那间充满汽油味的旧车库里，只有一只老鼠和他做伴。辛苦工作之余，画家会饶有兴趣地注视着小老鼠的一举一动，有时还会给它一些面包屑。小老鼠的胆子越来越大，从最初的战战兢兢，到后来敢在地板上自由活动。在画家眼里，小老鼠有时竟然像一位技艺高超的杂技演员，能完成许多他想象不到的高难度动作。在辛苦的日子里，小老鼠给画家带来了一丝安慰。

后来，年轻的画家被人介绍到好莱坞去制作一部以动物为主人公的卡通片。经过多次失败后，画家的脑海里突然闪过一道灵光，就是那只车库里的小老鼠！画家以小老鼠为原型创造了一个动画形象，这个动画形象取得了异乎寻常的成功，年轻的画家以此为契机，创造了属于自己的动画王国。这位画家就是美国最负盛名的人物之一——沃尔特·迪士尼，他创造了风靡全球的米老鼠。

上帝只给了迪士尼先生一只老鼠，他却用它创造了巨额财富。上帝给谁的都不会太多，他给了你美貌就难以给你智慧，给了你智慧就会吝惜美德，给了你美德就会拿走机遇，所以永远不要抱怨自己拥有的太少。

上帝给了牛顿一个苹果，他从中发现了万有引力；上帝给了霍金一副病躯，他却发现了宇宙的奥秘。我们每个人都应该珍惜自己的拥有，利用自己的拥有，创造出自己想要的世界，哪怕上帝只给你一块石头，你也能从中挖掘出晶莹的美玉。

心情小札 *Philosophic life*

人生有一种智慧叫作“知足”。知足的人，既明白生命的局限，也懂得感恩的意义，更会用这种智慧培养出一种良好的心态，然后坦然面对生活。知足不是安于现状，不思进取，而是在准确估量自身能力、审视周遭局势的前提下，给予生命最好的交代。

学会“悦己”更快乐

盲目自大和妄自菲薄一样，
都不是正确评判自己的方式。
用肯定与欣赏的眼光看自己，
你会惊奇地发现，
自己真的越变越好。

在上帝眼里，每个人都是一件完美的艺术品，优点和缺点搭配，形成一种和谐的美。但在自己眼中，每个人都是一件粗糙的半成品。对镜自怜，我们忘记了自己的豁达大度，只计较自己长得不够漂亮；我们看不到自己光洁的皮肤，只注意皮肤上浅浅的雀斑；我们忽视自己高挑的身材，只抱怨上半身过长……

一个人首先应该学会欣赏自己。卡耐基说过一段耐人寻味的话：“发现你自己，你就是你。……在这个世界上，你是一种独特的存在。”世上没有两片相同的树叶，也没有两个相同的人，我们每个人都是独一无二的。每个人都有自己的优点和长处，一个人只有充分地接纳自我、欣赏自我，才能有良好的自我感觉，才能自信地做人、做事，充分发挥自身的潜力。

假如一个人总是以怀疑、否定的态度看待自己，就有可能在自卑和自怜中限制了自己的创造能力。

小蜗牛问妈妈：我们的壳又硬又重，为什么我从生下来就要背着它呢?

妈妈：我们没有骨头，又爬不快，这个壳能保护我们!

小蜗牛：可是毛虫也没有骨头，爬得也不快，它却不用背这个壳。

妈妈：毛虫能变成蝴蝶，天空会保护它。

小蜗牛：蚯蚓没骨头也爬不快，也不会变成蝴蝶，可是它也不背这个壳。

妈妈：蚯蚓会钻土，能钻到地下，大地会保护它。

小蜗牛哭了起来：天空不保护我们，大地也不保护我们，我们的命怎么这么苦!

妈妈安慰它：我们的壳会保护自己啊！我们不靠天、不靠地，我们靠自己。

一个又重又硬的壳，可以看作一种负担，也可以看作不同于天空和大地的，最踏实、最可靠的“保护”。没有人能否定你，除非你自己先否定自己。

自信，一款平价奢侈品

自卑是自己内心的一把锁，
锁住了快乐，
锁住了幸福，
也锁住了自己上升的通道。

很多时候，我们看到的都是别人的好。为什么她拥有如此完美的一张脸？为什么她能随心所欲地穿上任何一件衣服？为什么她的身边永远不乏追求者？为什么有的同事总能提前准备好老板要的报告？为什么当年大学的好友现在都比自己薪水高？为什么……

当我们一次又一次地叩击自己心灵最柔软的地方，发现所有的人都闪耀着光芒，而自己所拥有的，似乎只是永远也说不完的嫉妒。

英格丽·褒曼喜欢戏剧，而且很有表演天赋。她小时候就立志做一名出色的戏剧演员。18岁那年，她满怀信心地报名参加了皇家戏剧学校的考试。

BUS
鸟儿欢快的飞着，
蜿蜒的小路旁铺满花草，
我收拾好行囊，
追上你远去的脚步，
因为爱，路途遥远，
我们也要风雨相随。

褒曼进入考场后，自信地表演起自己精心准备的小品，她准备充分，表演得惟妙惟肖。

表演过程中，她无意中瞥了一眼评委席，她的心一下子沉了下来！她看到评委们左顾右盼、交头接耳，竟然没有一个人在看她的表演。瞬间，她所有的自信都被瓦解，感觉其他考生都比自己优秀，而自己正在做着可笑又愚蠢的动作。她的大脑一片空白，甚至忘记了后面的台词。就在这时，她听到评委主席说："好了，谢谢你，小姐。下一位！"

失落的褒曼走出考场，原来的自信荡然无存，看见路上同行的考生，她裹紧自己的衣服，因为她觉得自己是如此的丑陋和滑稽，生怕别人认出她来。她决定，在一个适当的时候结束自己的生命。

然而，让她意想不到的是，第二天她就收到了来自皇家戏剧学校的录取通知书。

许多年后，英格丽·褒曼已成为明星，并向全世界展现着她的美丽与才华。一次偶然的机会，她与当年那位评委主席相遇。说起当年的情景，那位评委大人瞪大了眼睛："这真是天大的误会！那天你一上台，我们就一致认为你应该被录取。你是那么自信，我们都很欣赏你的台风，所以我和另外几个评委商量：'好了，别浪费时间了，叫下一个吧！'"

一个充满自信的人，可以在一瞬间变得如此自卑，或许让我们难以理解。然而在生活中，我们又何尝不是如此呢？

挑选衣服时，总是问别人的意见；跟朋友郊游时，总是不自觉地变成一个人走；走在路上，总是喜欢低着头；与人交谈时，总是不敢抬起头来看对方的眼睛；进入会场时，总是坐在看不见主席台的角落里；朋友聚会上，总是不停地吃东西……

我们原本拥有的是整个世界，但因为在心里系上了一个自卑的结，于是，世界被挡在了心门之外。生活不再美好，我们只能待在一个不为人知的角落，悄悄做着生活里的配角，看着别人的精彩。

有一个女孩，刚工作不久，觉得同事不太喜欢自己，有点自卑。

一天上班的路上，她在公司附近的饰品店里看到一支漂亮的发夹。她从不戴任何饰品，但实在太喜欢这支发夹了，看看周围没有认识的人，她准备试戴一下。当她戴起来的时候，店里几个顾客都说漂亮，于是，她买下了那个发夹，并怀着兴奋的心情，戴着去上班了。

接着，奇妙的事情发生了。到了公司，许多平日不太同她打招呼的同事，纷纷对她微笑，朋友甚至问她，是不是有什么好事，因为原来死板的她，变得开朗活泼起来了，脸上也有了光彩。

女孩心想，都是因为我戴了漂亮的发夹，才让我的脸漂亮起来。随即，她想到店里似乎还有几个相同样式的发夹，应该把它们都买回来。

下班之后，她又来到那家饰品店。老板笑嘻嘻地迎上来说：“我就知道你会回来，真是够粗心的，刚买的发夹掉了都不知道，早上我发现它掉在地上时，你已经走了，所以我只好暂时替你保管。”

这时她才发现，原来自己头发上根本没戴发夹。

其实，每个人的心里都有一个美丽的发夹，那就是自信。当你用自信的眼睛看待生活，你会发现，生活原来很美好，而你，也正是这美好中的一分子。为什么不大大方方地让自己的美好展现在所有人的面前呢？试着从灿烂的微笑开始吧！

心情小札 Philosophic life

保持自信，不是为了获得谁的艳羡与欣赏，而是内心深处对自己的肯定与认可。一个自信的人，无意取悦谁，却能凭借着这种气质，吸引到他人赞许的目光。人生若是一场马拉松，愿你能时刻带着自信的微笑，跑完终场。

Details

平常心一颗，从容过生活

人生，贵在有一颗平常心。

泰山压顶不弯腰，

生死面前不畏惧。不让利诱，不被邪侵，

坦荡之心昭日月，一身正气两袖风，

堂堂正正地立于天地间。

“不以物喜，不以己悲”、“穷则独善其身，达则兼济天下”、“行到水穷处，坐看云起时”，体现的都是平常心。

所谓平常心，并不是看破红尘、对一切都不在意或者无所谓，而是能站在一个高度上去对待得失、成败，理性地剖析自己，化危机为生机。有人将平常心总结为四个“然”：自处超然、无事澄然、得意淡然、失意泰然，十分精辟。

自处淡然是指自己独处时要懂得超脱，不去计较功名利禄、荣辱得失，不让身为形役；无事澄然是指淡泊明志、宁静致远，和“自处超然”殊途同归；得意淡然是指在顺境时不要忘形，能对成功荣耀淡然处之；失意泰然是指逆境时不要沮丧，沉静淡定，从容豁达。

做到了这四点，我们就基本悟透了平常心的大道。

我国著名人口学家马寅初先生，就是一个真正具有平常心的人。

当年，马老先生因提出“新人口论”而遭到镇压，并被无端撤销了北大校长的职务。那天，他被勒令在家里“接受隔离审查”，忽然他儿子从外面回来，着急地喊道：“爸，你知道不？你被撤职了啊！”

他当时正在看书，听到儿子的话后头也没抬，只淡淡地答了一声：“噢！”

十几年后，马寅初老先生被平反昭雪，并恢复了北大校长的职务。他的儿子听到消息后，赶快跑回家，兴高采烈地告诉他：“爸，听说了吗？你被官复原职了！”

他当时也是在看书，听到后依然头也没抬，只和十几年前一样，淡淡地答了一声：“噢！”

视荣辱为等闲，置得失为平淡，这就是我们所说的平常心的重要体现。平常心是一种持久的心理定力，它绝非轻易就可获得，而需经过深刻的心灵磨炼，包括意志、信念、品行、人格的修炼，方能真正淬炼出平常心。通过磨难，人的信念才能变得更加坚定，才会更懂得珍惜幸福，看淡那些无关紧要的事物，从而更加接近平常心的本质。

有些人入世之心太重，认为平常心阻碍了自己追求成功的脚步。在他们看来，狭路相逢勇者胜，要平常心干什么？其实，若失去了平常心，那胜利也不会再来光顾。因为心乱了，气躁了，自然无法发挥正常水平，拿什么和对手争雄呢？

瓦伦达是美国著名的高空走钢索表演者，他的多次惊险表演都大获成功。当别人问他秘诀时，他说，他在表演时，眼睛看到的只有钢丝，心里只有走钢丝这件事；因为想得简单，所以很自然地就做成了。而后来，他接受了一次重大表演，却不幸失足身亡了。他的妻子事后说："我知道他这次一定失败，因为他有了很重的得失心。上场前，他不停地对我说，我要表演好，这次表演非常重要，我不能失败。而以前，他在表演前什么事儿也没有，什么也不想，只专注于走钢丝这件事本身。"

平常心是调整一个人的心情和状态的最好工具，它能使一个人在看世界和人生时"得不喜，失不忧，成不骄，败不馁，不偏不倚，不懈不满"，更加镇定、公正、客观，从而更能认清事物的本质，接近真理和幸福。人生中，悲欢离合，阴晴圆缺，不是每个人都能处处、事事、时时达到完美。秉持平常心，才是人活世间的至高境界。何不清清净净、正大光明、心平气和、不贪不躁地走向生命的旅程呢！

五味人生，淡味最浓

做一个淡然的人，
放慢生活的脚步，
充实自己的内心，
建立属于自己的精神家园。

人生中，不如意的事情很多很多，能够与人推心置腹言说的却不多。这样的时刻，若能超脱、看破，用淡然为自己换得一份内心清净，是智者的行径。昔日，寒山问拾得：世间有人谤我、欺我、辱我、笑我、轻我、贱我、骗我，如何处置乎？拾得回答：忍他、让他、由他、耐他、敬他、不要理他，再过几年你且看他。这就是人生中的淡。

淡其实是最浓的滋味，一个人在物欲横流的社会想要挣脱，很难。但是淡定能让内心平静下来，这样，才能细细品味生活的若干滋味。

当年，苏轼落难，在最艰难的时刻，他在长江岸边写下了“大江东去，浪淘尽……”他是一个难得的才子，书法漂亮、华丽而且工整，他从来没想过，自己竟然也伤过别人。他得意的时候，别人恨他、怨他、嫉妒他，可是当他失意了，写出的字歪歪倒倒，却成了响当当的书法极品。

为什么？因为字里有“苦”味，人生境遇之苦。他知道，人生最苦的时候，并不是年少时悬梁刺股的时候，而是最卑微以至所有朋友都避而不见时，在河边写出最美句子的时候。

原本，苏轼是一个翰林大学士，可是他一旦不再受宠，朋友就再不敢靠近。唯一一个不怕受牵连的马梦德，为生活困窘的苏轼一家申请了一块荒地，正是这片位于东坡的土地安顿了苏轼的身心。他闲暇之时便到东坡老作，并自称东坡居士。

东坡种田，东坡写诗，他开始觉得，为什么自己一定要在政治场里争来争去？如果可以，还不如在历史上留下一些优美诗句。于是，他开始写诗，而且是一生中最好的诗句。他的心情很好，他有米吃了，他有酒喝了，他“夜饮东坡醒复醉”，开始了深入灵魂的创作阶段。那些名句，皆来自于淡然的生活。

苏轼变成了苏东坡。他与从前不同了。这时候的他，开始欣赏不同的东西。比如，他跑去黄州的夜市讨点酒喝，不巧碰到一个壮汉，面目狰狞，浑身刺青。那个人一下把他打倒在地，猖狂地说：“你是什么东西，竟然碰我，你也不打听打听我是谁！”壮汉并不认得苏东坡，可是倒在地上的苏东坡认识自己，他回家写信给马梦德，他很高兴成为现在的自己，他说：“自喜渐不为人知。”他觉得，这时候的自己，到了生命中最了不起的阶段。从前，他想全天下人都认识他，可是，人们偏偏不买账，不给他好脸色。落难以后，他的生命开始百般包容，这是另一种状态。

最后，在尝遍酸甜苦辣咸等人生百味之后，他感觉到的是“淡”。因为只有所有的东西都体验过了，才知道那种淡的特别和精彩。就好像吃惯了大鱼大肉的人，一碗白菜稀饭或者一块豆腐，都能让他感受到那种能深刻影响他的最“淡”的滋味。

做官的时候，一直希望两袖清风，可是始终不见清风。当苏轼成了苏东坡，不再执意寻找那种清风，却在诗里看到了清风。

一切都因为“放下”，刚开始是被放下，后来是真的放下，放下的时候，才重新找回了自我，句子才能写得那么淡然、清新。

苏东坡最终明白，那些争名逐利的斗争，不过是虚空一场，所以才有“多情应笑我，早生华发”这样的感慨，他又重新回归，认识自我了。

这是一个美好的循环，无论是贫穷还是富有，从不会因为什么而改变，一种豁达的态度，一种淡淡的人生趣味，实属难能可贵。所以他说，“回首向来萧瑟处，归去，也无风雨也无晴。”回忆一生，心中很知足，那是因为心很宽。

打败心中的“我不行”

永远不要对自己说“我不行”，
只要你拥有足够的信心，
并且付出足够的努力，
幸福和成功都会向你招手。
成败不在于我们拥有什么条件，
遇到多大的困难，
而在于我们选择什么样的心态去面对。

在生活中，许多人抱怨自己没有机会，其实机会对于每个人来说都是平等的。但是，当机会来敲门，又有几个人能够勇敢地去把握呢？机会的到来往往伴随着风险或挑战，许多人在面对风险或挑战的时候往往都会有一种畏难情绪，还未尝试就已经先在心中用“我不行”打了退堂鼓。

事实上，大多数的时候，我们都是被“我不行”“我办不到”这一类的消极暗示所打败的。有些事情看起来很困难，但如果我们能够满怀信心地去面对，去尝试，或许就会发现，其实并没有想象中那么难。

乌克兰人布勃卡是奥运会撑竿跳冠军，他所保持的撑竿跳世界纪录迄今为止仍然没有人能够打破，他也因此被称为“撑竿跳沙皇”。这样一个出色的撑竿跳运动员，当别人问他成功的秘诀时，他仅说了一句话：“在每一次起跳前，我都会在心中先把自己‘摔’过横杆。”

布勃卡从九岁就开始练习撑竿跳，横杆的高度一次又一次地被提高，在新的高度面前，布兰卡不断地失败。失败不断地打击着他的自信，他甚至开始怀疑自己根本不适合练习撑竿跳。每次到训练场上，横杆一架起来，他就开始害怕，在心里对自己说：“我根本就跳不过去。”

有一次，教练又增加了横杆的高度，布勃卡干脆直接和教练说：“我跳不过去。”

教练说：“你还没有试，你怎么知道呢？”

布兰卡只得说出心中的实话：“教练，我觉得我根本不是这块料。我只要一进入训练场，一踏上起跑线，看到那高高悬在半空中的横杆，心里就会莫名地害怕，我觉得我一定跳不过去。”

“布勃卡！”教练突然打断布勃卡的话，大声地说，“你现在闭上眼睛，先在心中把自己‘摔’过横杆去！”

布勃卡按照教练说的闭上眼睛，想象着自己身轻如燕地从横杆上“摔”过去，信心大增。然后，他撑起跳竿试着跳了一次。这一次，他居然很轻松地就跳了过去。

我们的人生中也存在着一根比一根高的横杆，每翻越一根更高的横杆就代表我们又有了一次提升，横杆越高往往提升的机会也就越大。如果我们畏首畏尾，先在心里用“我不行”把自己紧紧地包裹起来，恐怕只能一次又一次错过提升的好机会。人只有坚定信心，鼓足勇气，才能跨越那道“我不行”的心理障碍，超越自己，走上成功之路。

艾米是一个可爱的姑娘，但是，因为个子比较矮，所以非常自卑，尤其是在爱情方面，她从来都不相信自己也可以拥有甜蜜的爱情。所以，虽然有几个男孩追求她，但她总是还没走出第一步就对自己说“这不可能”“他不会爱我的”，然后就避而不见。

艾米的父母为此非常苦恼。他们只好带艾米去找一位很有名气的心理医生，听说他能够帮助人们找到属于自己的幸福。艾米走进心理医生的办公室，木然地坐在办公桌前的椅子上，还没等心理医生说话，她就先“声明”：“你肯定也不能帮我找到幸福。”

心理医生并不理会她说了什么，只是和她聊了一些别的话题。通过聊天，心理医生发现艾米最常说的一个字就是“不”，几乎她的每一句话中都会出现这个字。

最后，他对艾米说：“艾米，你一定可以拥有甜蜜的爱情。但是，你必须按照我说的去做。”

“不，我不行。”还没等心理医生把话说完，艾米就急于否定。

每个人，
都有独特的天赋，
或可舞文弄墨，
或可弹奏华章，
一次失败也不必颓丧，
人生处处可发光发亮。

心理医生却说："你一定行的，艾米！这样，你先试试按照我说的去做，看看你的生活会有什么变化，然后咱们再聊，好吗？"

"我……"艾米似乎还在犹豫。

"相信你一定可以的，艾米！"心理医生大声地鼓励她。见艾米缓缓地点了点头，他就立即接着说："明天早上，你上街去帮自己买一身漂亮的新衣服。但是，你记住，你不要自己去挑，让店员帮你拿主意，无论她最后帮你选择哪一件衣服，你都要毫不犹豫地买下它。然后，你去做个发型。同样，让发型师帮你做，你不要提任何意见。然后，穿上你的新衣服，带着自信的微笑来我家参加一个晚会……"

"噢，不，我会把你的晚会搞砸的！"艾米边说边摇头。

心理医生表示理解："先不要去想这些，艾米。你要知道，我需要你的帮助。明天的晚会对我来说很重要，有许多生意上的伙伴，但是我现在缺少一个女伴。你要帮我照顾那些客人，如果看见有哪个年轻人一个人孤单地坐着，你就要走过去问好，并且代表我对他表示欢迎。"

"我一定做不到！"

"求你了，艾米！你一定要帮我。"心理医生真诚地恳求道。

艾米再次为难地点了点头。虽然很不情愿，艾米依然按照心理医生说的那样去买了自己从不会买的衣服，做了一个自己从不敢做的发型，尽管衣服和发型都是她喜欢的，但是她从未尝试过。店员和发型师夸她漂亮的时候，艾米开心地笑了，一种自信油然而生。

一切准备妥当之后，艾米来到了心理医生家。晚会已经开始，她按照心理医生的吩咐，用心地帮助他去照顾客人，完全把“我不行”抛在了脑后。她笑容可掬地主动去和每个人打招呼，询问他们是否需要什么帮助。她几乎成为晚会上最受关注的人。晚会结束后，好几个帅哥都要求送她回家。

从那之后，艾米再也不觉得自己是“丑小鸭”，再也不认为自己不可能拥有甜蜜的爱情。并且，她很快就坠入了爱河。

当艾米打败心中那些叫“我不行”“不可能”的魔鬼，带着自信去面对生活，生活立即换了一副喜悦的甜蜜的面孔。其实，生活没有变，艾米身边的那些人也没有变，改变的是艾米的心态。当她用信心去面对生活，她看到的就是美丽和幸福。

快时代，更要“慢生活”

慢下来，烹饪一顿美食，
然后细嚼慢咽享受舌尖的滋味；
慢下来，在一个闲适的下午，
安静而舒坦地休憩；
慢下来，才能发现隐藏在生活背后的乐趣和幸福。

这是一个讲求速度“快”的时代。吃饭有快餐，出门有汽车，爬山有电缆，旅行有飞机……这一切新事物的出现都只为满足我们对“快”的追求。但是，这些稍纵即逝的“快”也使我们的心渐渐麻木，渐渐失去对当下的感知力。

张勇大学毕业后就去做了业务员，因为工作努力、业绩突出，职位也一路飙升，五年的时间已经做到了销售总监的位置。可是五年来，张勇的生活充斥着合同、客户、开会、加班以及各种工作上的大事小事。

张勇已经不记得上次和朋友们一起开怀聚会是什么时候，上次和家人一起温馨地吃饭是什么时候，上次看电影是什么时候……

虽然张勇拼命努力，但薪水增加的速度似乎永远赶不上物价与消费的增长速度：房价在涨，油价在涨，一切的日常用品也在涨……尽管如此，他还是被所谓现代的物质标准牵引着，希望自己能过上更好的生活，所以，他只能快马加鞭，更加忙碌地追赶生活。

张勇怕自己一停下脚步就会被别人甩在身后，甚至连迟疑一下就会比别人慢半拍。他顾不得亲情、友情、爱情，也顾不得享受自己以健康和幸福为代价换来的房子、车子，更谈不上照顾自己的身体和心情。他只知道要埋头赶路，一路往前走，不能有半点逗留。

一天晚上，张勇陪客户一起吃饭，吃完饭后已经很晚了。因为喝了些酒，张勇无法自己开车，但是等了半天也没有叫到一辆出租车。无奈张勇慢慢地往前走，希望在前面能够拦到一辆车。走得有些累了，风吹过，酒劲也上来了，张勇觉得有点头晕，他索性在公交站台的椅子上坐了下来。疲倦随着微风而来，他懒散地向着身后的广告牌靠去。

这时，张勇惊喜地发现，一轮新月斜斜地挂在半空中，他想起了大学毕业的时候，几个好朋友一起躺在操场的草地上看着天边的月亮畅想未来，空气中满是兴奋、快乐的味道。从那之后，张勇好像再也没有抬头看过夜晚的天空，他一直低着头赶路，忙碌和疲惫使他从没想过要抬头看看头顶的天空。

生活中，像张勇这样的人有很多。他们一路匆匆忙忙走来，拼命地向前，每天都像陀螺一般转啊转啊，似乎总有那么一根鞭子在抽打着，永远都停不下来。这根鞭子就是人心中的欲望。

生命就像一列不断向前行驶的火车，它终有终点。你完全可以选择一列慢一点的车，在清晰的“哐当”声中体验生命的流逝，看着前方的景物缓缓地向你移动而来，直到慢慢消失在你的视野中。而如果选择一辆动车，甚至是飞机，或许还没看清眼前的风景是什么它就已经成为过去。等到达终点，试图回忆一下一路的风景及心情，就会发现自己寻不到太多清晰的痕迹。因为太“快”了，还未等看清眼前的风景，风景已经远去。而这样的速度恰恰就是我们现在生活的状态。

和旅行不同的是，旅行有终点也有回程，但是人生没有。坐上了人生这趟列车，人就只能一路往前走，终点也就意味着永远的结束。所以，何必那么着急呢？不妨选择一列慢一点的列车，安静地享受一下路上的风景。

有一个人性子非常急，他总想知道自己的未来是什么样子，自己的一生将会怎样度过，为此他每天都向上帝祈祷，希望上帝能让他的时间走得快一些。

终于有一天，上帝回应了他的祈祷。上帝说，只要他能够完成一项任务就答应他的请求。他非常高兴地答应了。原来，上帝交给他的任务是让他牵着一只蜗牛去山边散步。

他觉得这个任务实在太简单了，很快就牵着一只蜗牛出发了。刚走几步，他就发现蜗牛爬得实在是太慢了，尽管他不停地催，甚至用各种办法来威胁它，可是蜗牛依旧慢腾腾地向前爬着。

这个人十分着急，不由得硬拉着蜗牛快速地往前走，结果一不小心蜗牛撞上了一块石头，受伤了，这下它爬得更慢了。他真想丢下蜗牛自己去散步，但是又怕这样上帝会不答应他之前的请求，只好耐着性子牵着蜗牛慢慢地往前走。

走着，走着，他听见了水流哗哗的声音。他不由得抬头向远处看去，只见一条小溪正缓缓地向前流去。他想，反正蜗牛爬得这么慢，干脆去小溪边散步，也更凉快一点。

于是，他牵着蜗牛来到了小溪边。他惊讶地发现溪水中有一群蝌蚪在愉快地游来游去，还有一些鱼不时地吐着泡泡……

他边牵着蜗牛慢慢地往前走，边享受着身边的风景，这才体会到上帝的良苦用心：原来上帝让我牵着蜗牛散步是想提醒我人生中还有许多美景，如果只顾着追赶结局，就会错过很多美好的东西。

很多时候，生命中并不是缺少风景，而是我们的步履太过匆匆，不懂得欣赏。

实现人生的目标固然让人快乐，但是，沿途的风景同样不容错过。错过了沿途风景，就收获不到过程的美丽，这样的生命只能是索然无趣的。

慢下来，享受当下的风景，享受愉悦的生命。慢下来，让生活变得简单而悠闲，你会发现生命的意义因此而不同。

其实，你早把命运握在了手里

命运，在不同人的心中，
有着不同的定义。
生活顺遂的，感恩命运给予的坦途；
生活波折的，抱怨命运设下的障碍，
但其实，命运究竟如何前行，
一切，都在你的把握之中。

世界上真的有命运这种东西吗？迷信的说法是“信则灵，不信则不灵”；科学的说法是“你的脚步是跟随你心底的呼唤而去的”。你的命运其实就是你内心真实的想法，我们都想好命，但是如果连我们自己都不相信自己可以得到的话，那么命运便会朝着“不相信”的方向走去。所以，请相信自己的命运，并且坚信它就握在你的手中。

一个生活得并不如意的女人带着对命运的疑问去拜访一位得道高僧，她问高僧：“请您告诉我真的有命运吗？”

“当然。”高僧回答。

“那是不是我的命注定要困顿一生呢？”她问。

高僧没有回答而是让她伸出自己的右手，并且指给她看：“你来看这里，这条横线是爱情线，这条斜线是事业线，而另一条竖线是生命线。”

然后，高僧又让她跟自己做一个动作，让她将自己的手慢慢地握起来。高僧问：“你说这几条线现在在哪里？”

女人困惑地说：“当然在我的手里啊！”

“那么你的命运呢？”高僧问。

女人顿时恍然大悟，原来虚无缥缈的命运就在自己的手里，也只有自己能够把握。

每个人的双手都有着不同的纹路，攥紧拳头就会发现，一些纹路被手掌囊括在手心里，而另一些纹路却袒露在外面。掌心之中的纹路就如同我们自己，只有牢牢地掌握自己，尽量将所有纹路都控制在自己能接受的范围内，往往就会将多舛的命运转变为美好的命运，从而赢得你想要的人生。

无臂画家杜兹纳在一次宴会上拜法国著名画家纪雷为师的场面，让在场的所有人都很震惊。身材矮小又失去双臂的杜兹纳很有礼貌地走向纪雷，然后深深鞠躬，他请求纪雷收他为徒，但是看到一个连手都没有的人来拜自己为师，纪雷委婉地拒绝了。

但是杜兹纳不灰心，他对纪雷说：“我虽然没有双手，但我有双脚。”他让主人拿来纸和笔，自己坐在地上用脚趾夹着笔认真作画，令人惊奇的是，他画得很好，可见他对此是下过一番苦功的。这让所有在场的人都肃然起敬，纪雷看到后也非常高兴，毫不犹豫地收下了这个徒弟。

从那以后，杜兹纳更加努力，几年之后便成为闻名天下的无臂画家了。

通过杜兹纳的故事我们不难发现，不管我们的命运有多么的多舛，但每个人的世界都是掌控在自己手里的，即使你没有双手也是一样，因为你就是自己的命运，所以你要相信自己，然后充分认识自己，发挥自己的潜能，很快你就会发现自己已经具备了赢得精彩世界和完美人生的好运。

心情小札 *Philosophic life*

遇到障碍与挫折，很多人都喜欢去测算占卜，希望借命运之手推动自己停滞不前的运程。但其实，命运并没有看起来那么虚玄叵测，神通广大，你寄望事业顺遂，需谨言慎行，踏实努力；你渴盼婚姻幸福，需懂得付出，善于经营。即便真的有所谓命运在背后牵引操纵，你的努力，也是最大的前提。

不要为打翻的牛奶哭泣

后悔不能换来任何东西，
我们能做的是在错误发生后及时挽回损失，
改变事情所产生的影响，
唯一能使过去的错误产生价值的方法。
就是吸取教训，然后忘掉它。

很多愚蠢的可以避免的错误，往往让人们懊悔不已，尤其在一些看似能够改变我们人生的重大问题上。当我们由于自己的判断失误而犯了重大的错误时，通常会后悔自己当时的行为和决定，而且往往这种后悔的情绪会维持相当长一段时间。在这段时间里，我们几乎无法正常工作和思考，犯错误的那一幕时时都会跳出来扰乱我们的情绪，让我们变得不开心。有的人甚至一辈子都在各种各样的懊悔中度过，亲手毁掉了自己本应幸福的一生。

有一位执业多年的精神病学家，他在精神病学界享有很高的声誉。在他即将退休时对自己的职业进行了总结，他发现在帮助自己

团
结
友
爱
年少的嬉戏与打闹，
像被时间镀上一层金光，
夜深人静时想起，
恍然中带着笑。

改变生活方面最有用的老师其实只是四个小字而已。而其中头两个字就是“要是”。他说：“我有很多病人，他们都将时间花在缅怀过往上，后悔自己当初该做而没有做或者没有做好的事。他们最常说的是‘要是我在那次面试前好好准备……’或者‘要是我当初进的是会计班……’”

人的一生当中，最浪费时间的莫过于懊悔。在后悔的海洋里打滚是严重的精神消耗，后悔的破坏力可以将人积极上进的好心态彻底摧毁，把人变得萎靡不振。

所以，对于既往的过错我们应该采取的是选择性失忆，与其陷在后悔的深渊里不能自拔，不如打起精神对自己说：“下次我不会再犯同样的错误。”因为为打翻的牛奶哭泣是最没有用的，我们能做的是下一次不要再打翻。

有一个学生老是会为很多事情发愁，经常为自己犯过的错误懊恼不已。他总是想那些以前做过但没有做好或者搞砸了的事，希望自己当初没有这样做，或者懊恼没有做好。这使他整天愁眉苦脸，做什么事情都无精打采，然后继续犯自己不该犯的错误，接着继续懊悔……

他的老师发现了这个整天活在后悔中的学生，并且想要帮他从悔恨的旋涡中解脱出来。于是，在某天早上，老师将全班学生召集到了科学实验室。

在实验室，学生们看到老师的桌子上除了一瓶牛奶之外什么都没有，正在他们考虑老师今天会用这瓶牛奶做什么实验时，老师突然站起来，将那瓶牛奶打翻在水槽里。学生们被老师的这一举动吓到了，正当他们错愕之际，老师大声对他们说：“不要为打翻的牛奶而哭泣。”

他把所有的人叫到水槽旁边，让他们好好看看那瓶已经被打翻的牛奶，并且对他们说：“我希望你们可以一辈子记住这一课，你们看好了，这瓶牛奶已经全部流光了，无论你怎么着急，怎么后悔，怎么抱怨，都不可能再救回一滴。我们现在所能做的是把它忘掉，忘记这件事情，专注下一件事。”

所以，为什么要为打翻的牛奶浪费你的眼泪呢？它像你任何做过的无法挽回的事情一样没有再改变的可能，你已经没有必要再浪费时间在它身上。虽然犯错和疏忽都是我们的不对，但是事情已经这样了，而且谁没有犯过错？你要做的是从中吸取教训，下次做好防范，不让错误再犯，这不仅会让你的生活轻松得多，且还会为你的成功增添动力。

生活可没空让你“货比三家”

热爱我们当前所拥有的东西，
不要去想别人拥有什么。
世界上总会存在着比我们更成功、更出色的人，
一旦陷入比较的泥潭中，
就将永无止境，徒然劳苦。

生活中到处都存在着比较，因为没有比较，就不能见出高下好坏，偶然的比较可以成为刺激我们奋发前进的动力，然而对于幸福生活、对于快乐心情来说，比较却像一剂毒药，一旦出现，就会使人陷入无尽的琐碎烦恼中，快乐荡然无存。

当我们没有想到要去比较时，常常会觉得满足，并因满足而快乐，可是比较的想法一旦来临，一切美好心情便都到了九霄云外。

这一天，有几个人一起到一个风景区游玩，路过一个小饭馆时，只见门前挂着一个牌子，上面写着：“点菜超过200元，啤酒免费。”这些人都是喜欢喝啤酒的，一见这个招牌，都很高兴，费尽心思点了刚好200元的菜，然后兴高采烈地坐下来一边侃大山，一边尽情喝起了酒，气氛很热闹。

可是结完账出来以后，付钱的小李却一脸沮丧，说他们喝的啤酒不是饭馆里免费提供的那种，所以要10元一瓶，我们一共喝了15瓶，要150元钱。

大家一听，都觉得刚才是上当受骗了，本来高昂的兴致一下子消失了，都有点闷闷不乐。最后，还是小张给大家讲了个故事，大家才慢慢恢复了心情。故事是这样的：

有几个朋友一起到海边度假，他们吹着海风聊起了往事，然后其中一个人去买了几瓶啤酒回来，大家吹着风，一边喝一边聊，都很开心。

这时候其中一个问："这里的啤酒多少钱一瓶？"

买啤酒的人回答说："挺便宜的，8元钱。"

那个人马上惊讶地说："不会吧，这么贵？这种啤酒也就是2.5元而已。"

大家一听，同时放下了手中的啤酒不再喝了，而中断的话题，也再没接起来。

今天发生的事，和这个故事其实是一样的，我们只要享受快乐就行了，何必为了一点钱斤斤计较，而损失掉美好的心情呢？

是啊，生活中我们不需要每时每刻都那样清醒和精明，适当的糊涂也是很好的，当快乐来临的时候，就应该放开心胸去享受，何必为了那些已经成为事实的过去破坏眼前这份心情呢？

一个富人在路上散步，看到一个孩子坐在路边哭泣不止，不禁好奇地询问孩子发生了什么事。孩子哭哭啼啼地说，自己丢失了一枚金币，回到家妈妈一定会打他。富人心有不忍，就拿出一枚金币来交给了孩子，以为孩子一定会破涕为笑，不料孩子见到了那枚金币，竟然哭得更加厉害了。富人很纳闷，问他为什么还要哭，孩子说："如果我没有丢掉那枚金币，现在我应该有两枚金币才对。"

这个孩子的想法，其实就是日常生活中我们很多人都会有的想法，两枚金币虽然更好，可是，如果不是丢掉了前面那枚，又怎么会得到后面那枚呢？

一味地去和别人比较，或许能带来短暂的虚荣心的满足，但是并不能带给自己真正的快乐，追求那些自己并不需要的东西，没有任何价值和意义，说不定还会把自己也搭进去。

Details

在快乐里，种桃种李种春风

如果你的心里播种的是快乐的种子，
收获的一定是灿烂的笑容。
我们不能改变天气，
但是可以左右心情。
快乐让人变得宽容、善良，
也让人生开花结果。

一个人快乐与否，喜悦与否，皆来自自己的内心。每个人心里都有一块田，你种什么，就会收获什么，决定心情的，不是别人，正是我们自己。若心田种植的是快乐，那收获的也将是快乐的心情。

快乐是一块田，要靠自己播种。如果能快乐每一天，心情就会像田野上自由生长的树一样，清新而饱满。喜悦让你的生命变得美丽，笑容是心灵的镜子，反映出生活的美好姿态。

从前，有一个小女孩每天都要从家里走路去上学。有一天早上天气不太好，云层渐渐变厚，到了下午的时候风吹得更急了，不久以后就开始有闪电、打雷，然后下起大雨。小女孩的妈妈非常担心，担心小女孩会被打雷给吓着，甚至被闪电击到。雷雨下得愈来愈大，闪电像一把锐利的剑刺破天空，小女孩的妈妈赶紧开车，沿着小女孩上学的路线去找，这时候她看到自己的小女儿一个人走在街上，却发现每次打雷闪电的时候，她都停下脚步，并且抬头往天上看，露出微笑。看了许久，妈妈终于忍不住叫住她的孩子，问她说："你在做什么啊，下那么大的雨？"小女孩说："上帝刚才在帮我照相，所以我要笑啊！"

一个天使般的微笑，足以打开纠缠心中多年的死结，这样的笑容应该是无价的。与此同时，相信它也是化解困境最有效的武器之一。

大约在20年前的美国，曾经发生过一个真实的故事。

美国加州的一个六岁小女孩，在一次偶然的机会中，遇到一个陌生的路人，陌生人一下子给了她4万美元的现款。

一个女孩突然得到这么大金额的馈赠，消息一经传出，整个加州都为之疯狂骚动起来。

记者们纷纷上门，访问这个小女孩："小妹妹，你在路上遇到的那位陌生人，你真不认识他吗？他是你的一位远房亲戚吗？他为什么给你那么多钱？4万美元，那是一笔很大的数目啊！那位给你钱的先生，他是不是脑子出了什么问题……"

小女孩露出甜美清纯的微笑，回答说："不，我不认识他，他也不是我的什么远房亲戚，我想……他脑子应该也没有问题！为什么给我这么多钱，我也不知道啊……”尽管记者们用尽一切方法追问，仍然无法得知是何原因。

这位小女孩努力地想了又想，大约过了十多分钟，她似有所悟地告诉父亲：“就在那天，我刚好在外面玩，在路上碰到了那个人，当时我对他笑了笑，就只是这样啊！”

父亲接着问：“那么，对方有没有说什么话呢？”

小女孩想了想，答道：“他好像说了句‘你天使般的微笑，化解了我多年的苦闷啊’！爸爸，什么是苦闷啊？”

原来那个路人是一个富豪，一个不快乐的有钱人。他脸上的表情一直是非常冷酷而严肃的，整个小镇根本没有人敢对他笑。他偶然遇到这个小女孩，对他露出了真诚的微笑，他的心中不自觉地温暖起来，让他尘封了不知多少年的心扉又重新打开了。

于是，富豪决定给予小女孩4万美元，这是他对那时候他所拥有的那种感觉给出的价格。

·Part 04·

与其做个守财奴，不如成为“梦想家”

愚公移山，夸父逐日。

前者的努力令人叹服，

后者在追梦的路上引人歌颂。

心存梦想，

然后用不懈的坚持做一双翅膀，

你也可以翱翔。

梦想，不仅仅是梦而已

做一个积极进取的人，
不要一味选择被动和等待，
事实上，只要踮起脚尖，
或许机会就会降临在你的头上，
你就会离梦想更近一步。

走在苹果园中，看着头顶诱人的苹果，很想摘下一个享受一下它的清脆、甘甜，而当你举起手时，却发现看似近在咫尺的苹果却怎么也够不着，怎么办呢？如果选择放弃，你就将永远错失这美味的苹果，而只要主动一点，踮起脚尖，或许你就可以摘到苹果，即便摘不到，也可以更接近它，观察它，在一树芳香中寻找摘下苹果的方法。

人生也是如此。每个人都有梦想，但是几乎没有人伸伸手就可以实现梦想。你需要踮起脚尖，需要找来梯子，走近一点，再近一点。对于你来说，这每一步的接近都是成功。只要你朝着同一个方向不停地努力，或许有一天你会有这样的惊喜——苹果熟了，自然掉落下来，刚好砸到你的头上。

有个年轻人读了牛顿和苹果的故事之后，兴致勃勃地搬了一把椅子，坐在苹果树下，期待着有苹果刚好落到自己的怀里。然而，他在苹果树下坐了一天又一天，尽管不时有熟了的苹果自然落下，但是却没有一个苹果落到他的怀里。为此他非常苦恼。

一位老人看见了苹果树下的年轻人，于是问他为什么每天都坐在苹果树下不动。年轻人就告诉他，自己在等待有苹果落到自己的怀里。

老人听后大笑起来："小伙子，只是坐着等待，是永远不会有苹果落到你怀里的。苹果落在牛顿的脚下，也是在牛顿因为思考问题而不停地走动的时候。而牛顿之所以会因为这个苹果而发现万有引力定律也是因为他在这之前已经经过了长期的思考。所以，小伙子，如果你想得到苹果，就要站起来，看准苹果的方向，不断地缩短距离，这样苹果落下的时候才有可能刚好落到你的怀里。"

苹果只会落在不停地靠近它的怀里，成功只会青睐不停地追求它的人们，仅仅坐着等待则永远都不会有收获。要想实现自己的梦想，就不要再等待，站起来，向着梦想的方向开始前进。

一个年轻人从小就十分热爱文学，但是阴差阳错在大学他读了医学。然而他并没有因此放弃自己的梦想。大学毕业前的半年，学校组织他和同学们到一家医院实习，而医院旁边恰好有一家报社。他每天看着从报社进进出出的人，多么渴望自己也能在那里上班呀。于是，他开始刻意制造机会接近报社，比如给他们投稿等。

尽管他已经打听到这家报社基本上只接收中文、新闻等相关文科专业的研究生，但是，他想，只要自己还在医院实习一天，就要多给自己一天的机会。

他在医院实习三个月后，和报社里的不少记者和编辑都熟悉了，并且他基本上也熟悉了报社工作的大概流程。一天，一个和他关系不错的记者私下告诉他，报社过几个月可能要招人。这让他心中一阵窃喜，他要为自己找到更好的机会。

很快，他就发现报社的总编喜欢晨跑。几乎每天早上，他都会早起到街心公园里跑一圈。虽然年轻人不喜欢早起，更没有晨跑的习惯，但他还是决定从今往后每天早上都要早起，到街心公园晨跑。

一个月后，总编注意到了这个每天都和自己一起晨跑的年轻人。终于有一天，总编在跑步结束后，突然问他："小伙子，你也喜欢跑步？以前好像都没有见过你啊！"

"我不太喜欢早起，所以以前很少会晨跑。"他如实回答。

"那你为什么现在每天都坚持来晨跑？"

"我在给自己机会。"

"什么机会？"总编提起了兴趣。

"接近您的机会。"年轻人还是如实回答。

这个答案引起了总编更大的兴趣："为什么？"

年轻人激动地说："因为我想让您从认识我，到了解我，再到熟识我。我知道，你们报社过段时间可能会招聘新人，我希望您能给我这样一个学医的本科生一个机会，一个参加考试的机会，仅此而已。”

听完他的话，总编低下头想了一会儿，最后他说：“一个月后，你来报社找我。”

一个月后，在报社的招聘会上，他找到总编，顺利报了名。之后他以第三名的成绩通过笔试进入了面试环节，而面试是总编亲自主持的。面对已经熟悉的总编，他没有一丝的紧张。

总编严肃地看着他问：“如果你是我们报社的一个编辑，我给你篇稿子，你发不发？”

“发！因为我相信总编您挑中的稿子一定是有它的价值的。”

“如果文章质量很差，不但文笔不好，还有很多错误呢？”

“发！因为我会用我的文笔对文章进行润色修改，直到达到发表的水平。”

“如果我要你尊重作者，不准修改呢？”总编似乎故意刁难他。

他看着总编，斩钉截铁地说：“发！不过我会在文章最醒目的位置上，再加上一个栏目小标题——‘短文改错’。”

听完他的答案，总编笑了。年轻人终于利用自己的努力和主动为自己赢得了面试，也赢得了实现梦想的机会。

在现实生活中，凡是最终实现梦想，取得成功的人，无一不是拥有主动进取精神的人。他们不但能够坚持自己的梦想，还会为实现梦想而主动找方法，千方百计寻找接近梦想的机会，把握住每一个实现梦想的机会。

如果一个人说“我有一个梦想”，然后就把这个梦想抛在脑后，坐等梦想自己来敲门，那么，无论如何他也不可能有所收获。

要想吃到香甜的苹果，就必须努力地去摘。如果你只是坐在原地等待，就算真的有一个成熟的苹果恰好砸到你的头上，那应该也是一个熟透了的烂苹果。因为你离苹果太远，错过了苹果成熟的最好机会。

Philosophic life

既要仰望星空，更要脚踏实地。有梦想固然是一件值得肯定的好事，但空怀梦想却没有相应的行动，梦想也仅仅是座空中楼阁而已。所以，让梦想照进现实，还要靠切实的努力。

约翰的127个愿望

心中的目标成为一种信念，
无论遇到怎样的困难，
都始终坚信自己能够成功。
只有这样才能发现身边的机会，
才能不断地向目标前进。

一个人要有笃定的信念，坚定地朝着目标不断地前进，要相信即使是一粒沙也有成为珍珠的可能。

很久以前，有一个沙粒长得既不圆润，又没有光泽，默默无闻地被淹没在海边的一堆沙粒中。每天都会有很多人来海边捡一些漂亮的石头，每次这个沙粒都希望自己能够被挑中去外面看看大千世界。可是，它每次都失望。它实在太小、太普通了，根本不能引起任何人的注意。于是，它开始对着月亮祈祷，希望有一天自己能够变成一颗珍珠，圆润美丽、光彩夺人。听到它的祈祷，旁边的沙粒都嘲笑它痴人说梦。这样普通的一个沙粒怎么可能成为珍珠呢？但

跨过高山和大海，
穿过汹涌的人潮，
也曾忍受孤单与彷徨，
终有一天获得鲜花与掌声，
我站在领奖台上，
感谢的，
却正是那段苦中带甜的时光。

是，这丝毫没有使它打消成为珍珠的念头。

终于有一天，有一个人来到海边，他要找到一个最漂亮的沙粒，培养出世界上最大最美丽的珍珠。可是，当他找到那些他觉得很有潜质的沙粒时，都遭到了拒绝，它们的理由是：自己不是世界上最漂亮的沙粒，不可能成为最美丽的珍珠。他非常失望。

忽然，有一个不起眼的沙粒滚到了他的脚边，对他说它希望成为世界上最美丽的珍珠。他看着那个沙粒，除了个头比较大之外，似乎没有任何可取之处。于是，他有些遗憾地告诉那个沙粒："你不可能成为最漂亮的珍珠。"

"不，我一定可以成为最漂亮的珍珠。"沙粒坚定地说。

那个人看看周围似乎也没有别的更合适的沙粒了，与其空手而归，不如带这个沙粒回去试试。于是，他带走了那个沙粒。

一路上，沙粒看着越来越宽广的世界，想到自己将要成为世界上最美丽的珍珠就感到非常高兴。它勇敢地，满心欢喜地钻到蚌壳里，每天在黑暗、寒冷、孤独中忍受着蚌不断分泌出来的珍珠质的洗礼。痛苦难耐的时候，它就对自己说："我将会成为一颗珍珠。"以此来激励自己战胜困难。

一晃几年过去了，当这个沙粒再次见到阳光的时候，它已经成为一颗圆润美丽的珍珠。它的主人戴着它每天行走在人群中，享受着别人的赞美。

从一个沙粒到一颗珍珠，中间要走过许多黑暗时光，忍受许多痛苦的磨砺，只有始终怀有成为珍珠信念的沙粒才有成为珍珠的可能。那些认为自己不可能成为珍珠的沙粒，无论多么有天赋，都不可能成为一颗珍珠。

一个人无论多么平凡，无论处在什么环境中，只要怀有远大的理想，并且坚信自己一定可以实现，就一定能够得到好的结果。没有人会注意到一个自卑、自怜的小人物，却会注意到一个自信满满的小人物。自信将会给一个人带来强大的吸引力，不但吸引别人的目光，更会吸引来自己心中的理想。

有一个叫约翰·戈达德的美国人曾经因为“127个愿望”而闻名全世界。这“127个愿望”在他15岁的时候就列下了。当时，他还只是美国西部一个非常贫困的山村里的农民家的孩子，但是却希望能够成为一个出色的探险家。

有一天，他看着书本上的世界地图，心中突然涌起一股激情。他马上找来一张纸，写下了“一生的志愿”，也就是“127个愿望”，这些愿望是：登上珠穆朗玛峰；到尼罗河、亚马孙河和刚果河探险；走一遍马可波罗和亚历山大曾经走过的道路；主演一部像《人猿泰山》那样精彩的电影；从头到尾读一遍《圣经》，阅读莎士比亚、柏拉图、亚里士多德、狄更斯、梭罗、爱伦坡、卢梭、培根、海明威、马克·吐温、巴勒斯、康拉德、托尔斯泰、郎费罗、济慈、惠蒂埃以及爱默生的所有作品；熟悉巴赫、贝多芬、德布西、易白尔、门德尔松、拉罗、林姆斯基·科萨可夫、莱斯比基、李斯特、拉赫玛尼诺夫、史特拉芬斯基、托克、柴可夫斯基、威尔第的所有作品；拥有一匹马、一只黑猩猩、一头猎豹、豹猫以及丛林狼；抓住一条10磅重龙虾以及一个10英寸的鲍鱼……

当人们看到约翰列下的这些愿望时，都觉得这对一个贫苦孩子而言几乎是不可能实现的事情，认为这只是一个孩子写下的不切实际的理想罢了，很快他就会忘记这些的。但是，约翰却按照这张清单一项一项地去做了。

16岁的时候，约翰跟随父亲到乔治亚州的一个大沼泽地去探险，由此开始实现他的一个又一个愿望。等到他20岁的时候，他已经到加勒比海和红海这样的深海中潜水并作为一名空军飞行员驾驶飞机飞往欧洲多达33次。很快，他在一次探险中发现了一座玛雅古墓，还完成了尼罗河探险……

到59岁的时候，他已经实现了其中的106个愿望。在谈到如何把这些不可能实现的愿望变成现实的时候，他说自己只是先让心到达那里，然后心中就会充满了自信，那是一股神奇的力量，能够把他带到任何想去地方。他认为自己最成功的地方就是坚定自己的信念，而不是像大多数人那样在长大的过程中慢慢改变自己的理想。他从来没有在理想面前退缩，而是不断地前进，这样才使他离那些伟大的理想越来越近。

约翰·戈达德的愿望清单虽然看起来很难，但是因为他坚信自己能够实现，并且不断为此努力，因此获得了成功。人光有理想是远远不够的，还需要有为理想全力以赴的决心和信念，这才是最重要的。

行动上的“小巨人”

命运面前，人人平等，
积极地行动起来，
人生才会因你的努力而变得不同。
行动是成功的法宝，
迈出行动的第一步，成功便离你近了一步。

每个人的一生都会有所不同，不同不在境遇，而在心态。所以我们评论一个人的时候，经常用“积极”或者“消极”来形容。无疑，消极的人生是晦涩的，充满着心灰意冷和悲观绝望，纵使拥有万贯家财，也觉得自己生无所依；而积极的人生，则充满了无限的成功的可能，每一次触动之后，都会重新振作，蜕变之后，成功已然抵达。

行动是成功的法宝，积极行动起来，是战胜困难和挫折的最佳方式，生活的态度决定命运，是喜是悲，就让我们用行动来证明吧！

从前有一对兄弟，哥哥很聪明，弟弟则逊色很多。小时候大家都很喜欢哥哥，觉得他以后一定能成大器，而弟弟经常被人们忽略。随着时间的推移，兄弟俩长大了，这时候的哥哥显出一贯的骄傲，总说："我那么聪明，一定会成功！"弟弟听了这话，什么都不说，只是踏踏实实地用功读书。后来，哥哥成了一名食品加工厂的普通工人，每月工资几百元，虽然他还是那样的不可一世。而弟弟，考上了大学，最后成为一家公司的副总。

哥哥之所以最后只成了工人，就是因为他从来没有用行动去获得成功，而弟弟，虽然没有说，却一直在用行动证明着自己，取得成功，实现梦想，这是情理中的事。

另外一个故事，是关于著名主持人何炅，在整个大学期间，他用自己的行动取得了对自己至关重要的成功。

那时候，何炅选择的是阿拉伯语专业，对于他来说，这门专业还是比较难的。

何炅从小时候起，就一直接受美术、表演和演讲方面的训练。大学入学后不久，学校学生会马上就注意到这个阿拉伯语专业的小学弟，热情地向他发出邀请。何炅是多么高兴啊，可是，他还是要以学业为重，不能因为学生会工作耽误了自己的学习。

学习阿拉伯语真的没有任何窍门可以找，一丝一毫的进步都要付出相应的努力。同学们在夜里11点宿舍熄灯了才去洗漱，而何炅在这个时候才离开学生会的办公室，他的心里坚定了一份信念——一定要用行动让自己获得成功。

于是，他蹑手蹑脚地回到宿舍，点起一根蜡烛，在微弱的烛光下开着“夜车”，一学就是三四个小时，这样才能把放在学生会工作上的时间弥补回来。

同学们对他的生活和学习状态惊讶极了，说他简直有天大的精力，经常有同学夜里一觉醒来，看到何炅还在蜡烛跟前卖力地读书，样子很像“拼命三郎”，同学恨不得用“武力”将他赶回床上。

1994年的一次高校小品比赛，何炅不仅通过行动获得了大家的认可，更获得了一次参加中央电视台大学生毕业晚会的现场直播的机会，那次晚会上他的小品获得一致好评，那一次，他见识到了一个更加广阔的世界。他感觉到，自己的成功就在不远处。

从校园走向社会，他似乎比别人更快一步，虽然表面看起来这算是一件好事，可是他觉得自己的天职是学习，如果不继续学习，会很可惜。这时候，他做出了一个艰难的决定——退出学生会，并且辞掉一切外界活动和主持人工作，专心学习。

在北外学习的最后两年里，他从喧嚣归于平静，每天只出入宿舍、教室以及图书馆。1997年毕业的时候，他的专业成绩优异，顺利留校担任教师，那一刻，他的喜悦之情油然而生，因为他知道，他的大学生活画上了一个完美的句号。

何炅通过不断的努力，让自己有所收获。在沉淀以后，让行动的法宝成为成功道路上的金钥匙，这样的努力，值得我们每个人去效仿和学习。

有时候，
难免失意沮丧，
前方路途茫茫，
似乎看不到希望，
别怕，
只要抓住星星点点的火光，
就能把未来燃亮。

学习学习再学习，重要的事情说三遍

想要成功，道路只有一条——
持续学习，勤奋地学习。
学习的过程是磨炼自己的过程，
这样在被委以重任时，
你才能充分发挥出优势，达到预期效果。

孔夫子说过，做人需要一日三省，目的在于学习。他还说过，三人行必有我师，目的也是在学习。古往今来，学习一直是一件被人们津津乐道的事，学习科学文化、学习专业技能、学习为人处世，这世上的一切都需要去好好学习，这样才能站得更高，看得更远。

不断学习才能增加学识，不断学习才能增长才干，不断学习才能开阔视野，不断学习才能陶冶情操，说俗气一些，不断学习能够提高生活质量；说清高一些，不断学习能够清心明智，既然如此，何乐而不为？

刘永好的父母去世都比较早，但是每次回忆起父母对自己和兄弟姐妹的教导，他的眼中都饱含深情。

刘永好的父亲出身贫寒，在学生时期读书非常刻苦，抗战时义无反顾地参加地下党，新中国成立以后在政府相关部门从事技术工作。他的一生颇为传奇，他总告诉刘永好，不要畏惧困难，要不断学习，还要勇敢去闯，这样才能站得更高。

1982年，刘永好的大哥在成都906厂的计算机所工作；二哥从事电子设备设计维修方面的工作；三哥在县城的农业局当干部；刘永好则在机械工业管理干部学院做一名老师。如果一直这样下去，他们的人生似乎不会有什么大的改变了，可是他们听了父亲的话，决定勇敢去闯。

就在那一年，兄弟四个做出了一个决定：砸了铁饭碗。他们卖掉了手表、自行车、黑白电视机等一切东西，在人们不屑“个体户”的时代里，做起了“万元户”的美梦。

刚开始的时候，刘永好在市场卖鸡。他真怕遇到自己的学生，那样肯定尴尬死了，不过，已经走投无路的他，只有硬着头皮干下去。后来的创业道路，一直都不是那么平坦，可是他们选择了继续攀登。

最后，刘永好成功了。他现在是四川新希望集团的总裁，若干年前，他卖鸡蛋愣是卖出个万元户，如今，他已经是农产品行业的领路人，可是他仍然保持着知识分子家庭传承下来的那种不断学习的好习惯。

他有一个精良的秘书班子，专门给他搜集各种信息，这对一个拥有大规模企业的人来说，非常重要。因为有这些信息，企业才能和时代保持同步，而作为领导的他，更要不断地去学习，这样才能高瞻远瞩，为企业掌舵。

他这样回忆他的妈妈："我的妈妈是一个乡村教师，她生前总是告诉我们要不断地学习，在学习中发现乐趣，她也确实是这样做的，直到去世。"

刘永好觉得自己比别人做得好的地方，就是把打高尔夫球的时间都用在学习上，平时无论是和别人谈话或者接受各类采访，他都会拿着小本子记录下来。不断学习是他们家族的共性，只要有闲暇时间，他们都在读书看报。每天晚上，刘永好一家都要用三个小时左右的时间去看书学习。

1996年，刘永好将女儿送去美国读书，22岁的女儿在美国获得了MBA学位后回国。刘永好却定下规矩，让女儿10年之内不准在媒体前曝光。他的低调，是希望孩子可以有空间继续学习。

刘永好说："我希望她能按照自己喜欢的方式去生活，但是要求她还要不断地学习和积累。"刘永好知道，女儿还小，暂时不能挑起大梁，但是传承了家族爱学习的传统的女儿，早晚有一天能够称职胜任。

不断学习才能提高，我们从主人公的生平故事中看到了这样的道理，直到现在，他还保持着每天学习的习惯，我们是不是也做到了这一点呢?

刘德华，另一种意义上的“牌王”

要想赢得人生这场牌局，
关键在于打牌的心态。
只有保持积极平和的心态，
才能够发挥手中每一张牌的最大价值。

对于人生，印度前总统尼赫鲁曾经这样说：“生活就好像打牌，发到手里的牌都已经确定，无法改变，但是你可以决定怎么打，并尽力打好它。”

在日常生活中，牌就好像我们所拥有的资本。有的人手中握着的牌并不是很差，却总是抱怨牌不够好，羡慕别人有好的运气，结果在牢骚中错失良机，打成了最坏的结局；有的人牌非常差，但是他认真分析手中的每一张牌，运筹帷幄，把握眼下的每一个机会，最后反而获得了一个较好的分数。

其实，无论是真正的牌局还是人生，每个人手中抓的牌差别都不会很大，因为上帝不会赋予一个人绝对的好运气，结局的差别永远在于你以什么样的态度来打手中的牌。

刘德华刚进入演艺圈的时候，只能接一些跑龙套的角色，但是他从来没有因为这些角色小而漫不经心，总是尽最大的努力去演好每一个角色。所以，在那些日子，虽然刘德华只是一个跑龙套的，但是因为他的乐观吃苦精神，依然给一些人留下了很深刻的印象。刘德华总是用心对待降临在自己身上的每一个机会，无论那个机会多么微小，甚至是糟糕。

1982年，香港著名电影导演许鞍华要拍一部新的影片《投奔怒海》，原定的男主角是周润发。但是，这部片子因为某些原因，即使拍成后也将无法在台湾地区公映。当时已经是著名影星的周润发担心接拍这部影片会影响自己在台湾的市场，所以选择了放弃。

周润发向导演推荐了曾和自己合作过的刘德华。于是，这样一个在他人看来并不算好的机会就降临到了刘德华的身上。刘德华并没有因为它不是一个很好的机会而拒绝，他一如既往地非常认真地拍完了这部电影。后来，刘德华因为这部电影开始走进了大家的视野。许多导演也正是因为这部电影开始注意到这个能吃苦的年轻人，并开始请他拍电影。如今，刘德华已经是中国乃至亚洲举足轻重的巨星，而这样的成功却源于一个并不太好的机遇。

对于刘德华来说，无论是跑龙套，还是接拍《投奔怒海》这样一部不能在台湾公映的电影，无疑都属于没有抓上一手好牌。如果他因此气馁、抱怨，不用心去抓住手中的机会，恐怕我们就看不到今天的刘德华了。

每个人一出生，上帝就不停地给他发牌，不管是好是坏，都没有机会更换，而且都必须把手中的牌不停地打下去，直到结局。即便手中的牌不好，只要用心对待，像刘德华那样时刻积极准备着，总有机会青睐你，总有一扇窗为你打开。

有一个出生在农村的女孩，当过餐厅服务员，做过化妆品推销员，命运的转变发生在她给别人当保姆之时。正是在这样不起眼的工作岗位上，因为别人的一次失误，她扭转了自己的命运。

作为保姆，她总是用心做好每一件事，所以，主人家对她非常信任，甚至有了一种依赖心理，尤其是女主人，无论做什么事都喜欢叫她陪着。一次，她陪着女主人去一个新开盘的楼盘看房子。她们和许多人一起跟着售楼小姐去参观样板房。突然，“砰”的一声把大家的视线都吸引到了一个摔碎的花盆上。原来，人太多，不知道是谁不小心撞倒了放在客厅墙角的花盆架。这本来是一件小事，但是掉下的花盆刚好把下面的电视机屏幕砸碎了。对于这场意外事故，大家都急于撇清责任，而这个女孩却从中看到了机会。

她看看被砸碎的电视屏幕，再看看因为找不到责任人而几乎急哭的售楼小姐，心想，如果像玩具车模那样，用一种仿真的家电模型来代替这些昂贵的家电，房地产开发商不但可以降低样板房的成本，而且可以减少意外损失。

回家的路上，女孩就和女主人谈了自己的想法，没想到女主人非常赞赏她的创意。第二天，女主人就提出要给她的创意投资。钱的问题解决了，女孩就开始设计家电模型，寻找生产厂家，然后拿着自己设计的产品图片去向各个房地产开发商推销。这种产品不但价格远远低于家电实物，而且更加美观、耐用，所以很快就打开了市场。不到一年的时间，这个之前做保姆的农村女孩就成了一家家电模型公司的老板。

其实人生在世，每个人都会有自己的优点和缺点，与其羡慕别人，贬低自己，不如珍惜目前自己所拥有的，以积极的心态去对待，怎就知道局势不会逆转，幸福不会长存呢？

心情小札 Philosophic life

积蓄力量，把握时机，一点点地努力，就算命运在一开始并没有给予你有利的条件与资源，你也能凭借着自己的能力打响一场又一场的翻身仗。

舒朗的风从耳边穿过，
我站在岁月的一角，
仔细聆听枯叶如何跌落，
四季如何流转。

越挫越勇——陈可辛的逐梦之旅

世间的一切都存在变数，
人生之路并不是一条笔直的大道，
能让你一眼望到头。
此刻的欢喜雀跃也许会带来后来的悲伤惆怅，
一时的平坦顺畅过后也常常会迎来坎坷风霜，
激流勇进固然是一种坚强，
而懂得回旋甚至后退，
也是一种智慧。

世间唯有流水最自由，走过的路最长，因为它遇到高山便会绕开，遇到沟壑便会填平，碰到小流便和它合并，遇见湖泊就融入其中，直到奔进大海中，它也仍然可以变幻为云朵，走到更远的地方。

“像水一样流淌”，这句简单的话中蕴涵了多少人生的大智慧啊。当前路不通时，硬碰硬只会浪费时间和精力，不如看清对方的劣势和自己的优势，去寻找别的突破口，就算冒险，就算走了更多路，最终总会成功的。

一年夏天，他从美国的大学放假回到了香港，从事电影行业的父亲在剧组需要翻译的时候推荐了他，于是他就在剧组里帮忙做点翻译工作，闲时也干点零活，写写场记什么的。他虽然年纪不大，但性格开朗，人也非常踏实肯干，剧组里的人都很喜欢他，经常照顾他，就连剧组讨论时，也经常让他参加。

就这样，他逐渐表现出了自己在电影拍摄方面的才华，时常提出很有见解和创意的看法，导演很看重他，只要是他能学习到东西，都很大方地为他提供机会，他对电影越来越有兴趣。暑假即将结束，他要赶回美国，剧组里的人正准备为他举行送别宴会时，他忽然做出了一个让所有人意想不到的决定：他要放弃在美国的学业，投身到自己所热爱的电影事业中来。

大家都不赞成，认为他只是一时的心血来潮，都劝他回到美国继续读书，可是他的心意已决，在经过和父亲的一番长谈之后，他说服了父亲。于是从那天起，他毅然放弃了前途无量的学业，没日没夜地在片场里忙碌起来。他换过好几个剧组，由于毫无经验，受了不少嘲弄，也吃了很多苦头，但是渐渐的，他的才华开始显露，先后做过好几个导演的助手，并且最终在他们的帮助之下拍出了《双城故事》，开始小有名气。

就在他的电影事业刚刚起步的时候，金融危机影响到了香港的电影业，文艺片更是受到了沉重的打击，于是他果断地离开了香港，到好莱坞去发展。可是在好莱坞，他拍摄的文艺片反应很差，受了打击的他又返回香港。当时，很多电影界人士都转行了，而他却毅然涉足自己从来没做过的商业电影，当所有人都以为他会失败的时候，他的电影却很好地迎合了当时人们的喜好，获得了巨大的成功。

2007年，他拍摄了电影《投名状》，一下子赢得了各方的好评，为他带来了更大的成功，而他——陈可辛，也成了亚洲受关注度最高的导演之一。

在一次访谈节目中，他说："一条河笔直地流淌下去，又怎么能流不进大海？我当年放弃学业，是为了追寻更好的梦想，而后来的电影转型，也是为了赢得更好的票房。正是有了变通，才有了今天的我。"

要明白我们的优势在哪里，也要明白要根据环境适时做出改变。既然我们的路并不平坦，就必须学会变通，学会适应人生不同阶段的不同环境，山如果不来就我，那么我们便去就山，又有何妨？

一句话，成就一个作家

人们常说，成功没有近路可走，
只能依靠一步一个脚印的努力来达成。
其实近路还是有的，
如果我们一定要为成功找出一条捷径的话，
那就非“专注”莫属——
谁能在自己的路上一心一意，
谁就能走得又快又好，最先到达终点。

我们可以为自己设计一个精彩的未来，也可以将它当作礼物送给别人，很多时候这个礼物可能并不是合适的，但是总会有那么一两次，我们送对了人，于是一件美好的事情，就这样发生了……

英国著名作家查理斯家境贫寒，但他自幼就喜欢创作，虽然他总是不停地在写作，但是始终未能发表。

有一天，查理斯在公园散步，等到快回家的时候，才发现自己的练习本丢了。他非常焦急，因为自己平时大部分的创作都记在那上面，于是他赶忙按原路返回去寻找。走了一段路后，查理斯看到一个老太太手里正拿着自己的练习本，就赶忙上前说：“对不起，夫人，这个本子是我刚刚掉落的，它对我很重要，您可以还给我吗？”老太太问：“那你说说，里面写的都是什么啊？”查理斯脸红了，低声说：“是我平时练习写的文章。”老太太慈爱地笑了起来，将本子交给他，然后说：“我刚才看了看，发现你的文章写得很不错。小伙子，我相信，你以后一定能成为一个作家的。”

查理斯听到这样的赞美很高兴，可是始终没有人愿意发表他的文章，而家里的经济情况也不允许他一直沉浸在创作中。于是中学毕业后，查理斯就开始四处找工作。他做过推销员，擦过汽车，做过饭店服务员，可总是因为一些小错误被辞退。

走投无路的查理斯想起了当年那位老太太说的话。这些年来他虽然辛苦奔波，可是从来没有放弃自己的梦想，也许，现在是构思一部小说的时候了，于是他毅然地投入到创作中。最后，查理斯以这些年来的生活为原型，将生活的无奈、空虚以及世态炎凉用故事表达了出来，一经发表就获得了读者的一致好评。

一举成名后的查理斯想要找到当年那个老太太表示感谢，但老太太已经去世了，他费了不少力气找到了老太太的女儿，亲自登门去感谢她母亲当年那一句称赞带给自己的鼓励，不料老太太的女儿惊讶地说：“可是我的母亲根本不识字啊！”

故事里的老太太是一个善良的人，她只用一句随口说出的称赞就让查理斯得到了无穷的信心和力量，而这信心，就是他最后走向成功的关键。那么在生活中，我们也应该不吝惜这样的称赞，说不定在某个时刻，它就能触动某个人的心，成为他头上的一把伞。

一句话有时能带来很大的改变，因为它为黑暗的世界带来了一线光明，这种光明不论多么微弱，都能驱散阴影，让我们看见自己的心，看清自己的人生。

心情小札 Philosophic life

一句赞美，像和煦的春风，一句鼓励，也有着深刻的意义，它能帮一个失意的人拾回信心，也能让一个屡屡受挫的人重新燃起斗志与勇气。你还记不记得，哪个人的一句话，曾经点拨或者开慰过你？

Details

因为梦想，怎么会有沧桑

人生是一棵树，梦想就是吹开花朵的微风；

人生是一片土地，梦想就是湿润泥土的细雨；

人生是一艘船，梦想就是送你远航的流水。

梦想的力量深深藏在每个人的心里，

它不会让你一眼就看到，

然而就是因为有它，我们的心才充满了力量。

有梦才有目标，有目标才有行动，有行动才有成功——我们的生命就在追寻梦想的旅程中得到了意义。

他很普通，出身于平凡家庭，却一直想当一个导演。在1983年版的《射雕英雄传》中，他曾经扮演了一个宋兵，将被梅超风一掌打死，他向导演请求："让梅超风用两掌打死我吧"，这样可以多一点戏份，可是最后他仍然被"一掌打死"了。他做了很多年"跑龙套"的小人物，每当他在导演面前谈起拍摄和演技问题时，都会被所有人毫不留情地嘲笑，可是他却始终没有放弃思考。2002

年，他终于当上了导演，并且一下子就获得了金像奖的“最佳导演奖”。

他是周星驰。

他也很普通，20世纪90年代的时候，他一头斜分发型、朝气蓬勃却内心彷徨地坐上了一列开往西部的火车，他戴着古板的近视眼镜，表情严肃、语言无味，常常自己陷入沉思，不和任何人说话。后来，他当了主持人，第一次主持节目，可是播出时，他说的话几乎全被导演切完了。于是他请求妻子将自己每次主持时出现的问题都记在笔记本上，不管多么小的问题都要记，然后他会看着笔记本，一条一条仔细思索和改正。今天，他已经是一位家喻户晓的主持人，然而他仍然坚持着每天对着笔记本思索和改正自己的错误。

他是白岩松。

他也很普通，十多年前他是学校出了名的“混混”，每隔几天都会因为逃课而受到老师的批评。毕业以后，他在一个地方上的电信局里做了一名小职员，每天的工作既简单又繁冗，他越来越感到苦恼和疲惫，于是不顾家人的反对，毅然辞去了工作，开始了自创网站的历程。几年后，他成了中国互联网大潮中的浪尖人物，他的经历，也被无数人视为传奇。

他是丁磊。

他们在成功以前，和我们一样是社会上最普通的人，然而现在，他们是中国最有名的人物之一。

也许世界真的缺少公平，也许我们等待的伯乐并不存在，也许

不在乎，
等待多少轮回，
也不在乎，
一路上充满荆棘，
只知道，
把执着种在心上，
就会开出幸福的花。

我们的确生不逢时，也许各项规章制度并不合理……但是，这些都不能阻挡我们坚守心中的梦想，不能让我们止步不前。

贝基拉是埃塞俄比亚的一个贫困家庭的孩子。他从小就喜欢长跑，一直希望自己能成为一个长跑运动员。他常常远远地望着运动员们训练，脸上充满了羡慕的神情，但是每次他都低头看着自己的脚，默默地离去了，因为他的家庭是那样的贫困，不仅出不起训练费，就连一双最便宜的跑鞋也买不起。

那天，贝基拉再次来到了训练场，难过而又羡慕地望着远处跑道上正在训练的队员们。这时，一位训练跨栏的教练发现了这个常常在场边凝望的小伙子，就走过来和他谈了谈，得知贝基拉的困境后，他把贝基拉带进了训练场，让他跑步跨过一组很低的栏杆，贝基拉很容易就做到了。然后教练又指着一组高达1.5米的栏杆，让他再跑一次，这一次贝基拉怎么也无法跨过去，试了几次都失败了。

教练认真地对一脸沮丧的贝基拉说："孩子，我知道你所说的困难，其实那些困难就像你面前的这些栏杆，每个人的面前都有，有的栏杆你现在还跨不过去，但是只要对着自己的目标不断努力，终有一天你会跨过去的。再说，如果它们挡了你的路，你还可以选择把它们踢倒，或者从它们旁边绕过去，总之，它们是不可能拦住你前进的路的。"

这番话让贝基拉心中充满了希望，他昂起头走出了训练场。从此以后，买不起跑鞋的贝基拉开始赤脚跑步，没有训练费，他就在原野、山冈、村庄、沙漠上奔跑，他的身影坚定而执着。

几年后，贝基拉成了埃塞俄比亚最好的马拉松运动员之一。在1960年的奥运会上，当贝基拉在马拉松赛场上露面时，所有人都站起来为他鼓掌，因为他是唯一一个赤着脚的运动员。在那次比赛上，贝基拉赢得了一块金牌。

1964年，在距离东京奥运会还有二十多天的时候，贝基拉意外地做了一次手术。大家都以为，他将放弃这次比赛了，但是32岁的他出乎所有人的意料，不仅再次站到了奥运会的赛场上，而且再次拿到了金牌，成了历史上第一位蝉联奥运会马拉松项目冠军的运动员，这一成功也使贝基拉被誉为埃塞俄比亚的英雄。

当数不清的记者围在贝基拉身边、举着话筒请他发言时，贝基拉不无感慨地说："只要你站在了跑道上，那么一切就变得简单，没有什么能阻挡追逐梦想的人，你只要一直向前再向前，就能跑到终点。"

其实，每个人出人头地的机会都是一样多的，滚滚人潮中，每天都有人在成功，每天也有人选择放弃。人生如同长跑，大多数时候，谁能坚持到最后，谁就是胜利者。

用智慧获得命运的青睐

想要改写命运，就要改变自己，
然后改变内心，
要赢得命运之神的尊重，
就必须要成为生命的勇士，
一直向前，直至将命运彻底改写。

很多年前，在奥斯维辛集中营，一个犹太人告诉儿子：“要赢得命运之神的尊重得依靠自己的智慧。当别人说一加一等于二的时候，你就要想到一加一大于三！”后来，纳粹分子在奥斯维辛集中营毒死了不下几十万人，他们父子却躲过了这场屠杀。

1946年，父子俩来到美国，在休士顿做起铜器生意。父亲问儿子：“一磅铜的价格是多少？”儿子回答：“35美分。”父亲说：“的确，这是整个德克萨斯人都知道的铜价，但是作为犹太人的儿子，你要记住一磅铜值3.5美元，不信你把一磅铜做成门把手看看。”

20年之后，父亲过世，儿子独自经营铜器店。他经营过很多铜器，如铜鼓、瑞士钟表上的簧片，还做过奥运会奖牌。他不止把铜卖到了3.5美元，甚至卖到了3500美元。他成了麦考尔公司的董事长。可是真正让世人记住他的却是纽约州的一堆垃圾。

1974年，美国政府翻新自由女神，因此淘汰下来一批废料，向社会招标。他听说了这个事情，立刻从法国飞到纽约，看到自由女神像下面堆积如山的铜块、木料等，没有提任何条件，立刻签字。很多人嘲笑他，因为在纽约，对垃圾的处理有很严格的规定，弄不好还会受到环保组织起诉。

他组织工人先对废料进行分类，把铜融化，铸成小型自由女神像，然后用水泥块和木头做底座，再用废弃的铅和铝做成纽约广场的钥匙，最后他甚至把垃圾里的灰都包起来卖给花店。不到3个月，这堆废料变成了350万美元。他使每磅铜的价格翻了1万倍。

犹太家庭长大的孩子从小就被母亲用这样的问题做启蒙：“如果有一天你的房子被烧了，你的财富也被抢了，你要带着什么东西逃命？”孩子们觉得钱最重要，都说要带着钻石和珠宝逃走。然而这不是母亲要的答案，她们会继续问：“这个世界上有一种没有形状、颜色也没有气味的宝贝，你猜是什么？”孩子答不出来，母亲就和蔼地说：“孩子，要知道你要带走的不是钱，也不是钻石，而是智慧。只有智慧没人能够抢走，只要你活着，智慧就会一直跟着你。智慧会让你在一生中都表现出色，从而赢得命运之神的尊重。”

把童趣系在树上，
如同把美好挂在心间，
世事无论如何变迁，
人们都会记住那个身穿碎花红裙的女孩，
明媚执着的脸。

小事中的大乾坤

哪怕只是微不足道的一件小事，
也会在未来的某天反射到你的生活中，
对你产生重大的影响。
既然现在就可以为明天埋下伏笔，
那么，就让我们以最谦卑的姿态去努力播种，
为了将来美好的果实。

漫长的一生中，看似变化莫测的命运，其实早有规律可循。今天我们每迈出的一步，都为明天埋好了伏笔。明天的遭遇，好也好，坏也罢，都是我们今天种下的果实。在岁月的长河中，我们不断撒下种子，时光滋润过后，种子一一开花结果。

想要在将来收获美好的果实，必然现在就要开始行动。每一次由衷的改变和努力，每一份坚持和忍耐，都是让自己在未来变得杰出的原因。

1903年，帕特·奥布瑞恩来到纽约，参演一部叫作《向上，向上》的话剧，其中的一幕是帕特·奥布瑞恩和两个愤怒的人争执的片段。

因为话剧的反响不是很大，剧团临时决定转移到一家小的剧院去演出，由此一来，演员的薪水也削减了，他们的前途可谓暗淡无光。

可是，多年接受的教育使得帕特·奥布瑞恩养成了一个良好的习惯：凡事尽力而为。因为他知道，今天的每一步都会影响到未来。所以，他分外珍惜每一次演出的机会，他将自己的身心全部融入到角色中，每次下场都会大汗淋漓。

8个月以后的某一天，帕特·奥布瑞恩接到一个电话，让他欣喜的是，电话那端邀请他参加电影《扉页》的拍摄。

原来，电影导演刘易斯·弥尔顿偶然看到了帕特·奥布瑞恩出演的话剧，他在桌子边上和两个人争吵的一幕给导演留下了十分深刻的印象，所以，他推荐帕特·奥布瑞恩在电影里扮演一个角色。

后来，这次机会成为帕特·奥布瑞恩银幕生涯的起点，再后来，他终于成为著名的影星。

成功总是光顾有准备的人，帕特·奥布瑞恩的命运如是说。

一个年轻人，就职于一家营销策划机构。这天，他的朋友找到他，说想针对自己的公司开展一个小规模的调查。朋友很希望这个年轻人能够把业务接下来由他自己独自运作，最后在调查报告出来的时候年轻人帮着把关就可以了，当然，他会给年轻人一笔可观的费用。

这本来是一笔很小的业务，表面看来没有任何问题。可是在市场调查的结果出来以后，年轻人一下看出其中的水分，但是他没有提出来，而是在上面做了一些简单的文字改动，就交了上去。

事情过去了很久，早已被人们忘记。

几年之后的一天，年轻人和其他人组成了一个项目组，要到一家新开业的大型商场做整体营销方案，可是，对方的业务主管却表示，他不同意年轻人加入这个团队，他要求换人。

原来，这个主管，正是当年那个项目的委托人。

不过是很偶然地遇到两件事情，却因此失去了宝贵的机会。某些小事看似微不足道，其实是必然要发生的。从小事上，可以看出一个人的本质，今天做的每一件事情，都会影响到未来。一个人，若是对自己的每一件事都竭尽全力，怎么会愁将来没有更多的发展机遇呢？

·Part 05·

你本来就可以更好

“每一次都在徘徊孤单中坚强，

每一次就算很受伤也不闪泪光。”

像歌里唱的一样，

你也能在岁月的磨砺下变得愈加闪耀，

只要你不放弃，

你就能成为更好的自己。

29天的奉献之旅

在生活中主动寻找机会去付出，
和陌生人建立起善意的关联，
这是一件非常奇妙的事情。
真诚的付出，会让自己的心灵更纯洁，
在这样的人生中行走，每一天都能感受到生命的美好。

有人感叹自己的若干付出没能换来一丁点儿收获，那么长久的努力却没有任何本质的改变，那或许是因为不够坚持吧。有量的积累，必然会有质的飞跃，之所以没有飞跃，只能说明付出还不够多。

每一次付出，都是对一个人灵魂的洗礼，也许看起来并没有想象中的那么明显，但是习惯性的付出会让一个人在无形中变得积极，而积极就是人生前进的最大力量。

A对B说："我非常痛恨这个公司，我要离开！"B建议说："我真是太同意你的说法了，但是我觉得，对于这么一个破公司，你可以对它实行‘报复’，比如，给它点颜色看看。现在离开，恐怕不是最好的时机。”A问：“为什么呢？”B说：“因为，你现在走了，公司的损失很小。可是，如果你继续留在这里，多建立一些客户，成为能够独当一面的人物的时候，再离开，这样公司才会遭受重大的损失。而且，公司会陷入非常被动的局面。”

A觉得B说得很有道理，于是留下了。他通过努力工作成为在公司能够独当一面的优秀员工。B说：“你现在可以实现你的想法了哦！”A淡然地笑着说：“老总刚和我谈过，准备提升我为副总，我暂时不打算离开了。但是谢谢你，让我明白了付出改变人生的道理。”

故事讲完了，这时候，大家似乎都松了一口气。本来为了“报复”而努力的A，却在不断努力付出的过程中改变了自己，成为一个积极进取的人，人生也从此改写。

凯米·沃克在结婚之后没多久，就被确诊患上了非常严重的疾病——多发性硬化症。这种疾病几乎无法治愈，她的生活几乎在一瞬间被彻底摧毁。

没多久，她就感觉到难以忍受的痛苦，她的身体越来越难受，她的双手也不再听使唤，她的视力开始下降，她甚至不能自由行走了……她陷入了深深的绝望中。

这时候的她，一直依赖药物，并且从心底觉得自己就是这个世界上最凄惨的人。陷入绝望中的她是那么迫切地需要一个人来帮助她，倾听她心灵的声音，了解她的痛苦，对她的抱怨有所反应，于是，她打电话给自己的好朋友——心灵治疗师姆巴里。

可是沃克在打过电话以后更加郁闷了，她说：“我打电话给她的目的是希望能够得到安慰，可是她竟然告诉我，让我不要只关注自己，还要我想想周围的那些人。她的想法让我不能理解，简直不可思议。”后来，姆巴里给沃克开了一个药方，她说药方能帮她治愈心灵上的疾病。药方的内容是：在29天里，送出29份礼物。

沃克是抱着怀疑的态度去照姆巴里的话做的，因为医院的一个疗程结束以后，她发觉自己身上的痛苦非但没有任何减轻，反而更加严重。于是，在走投无路之下，她决定尝试姆巴里给她的药方，她想要背水一战。

从那时开始，沃克将自己的全部精力都放在了每一天的行动上，她下定决心去实践了。每一天，哪怕是微不足道的小事情，她都努力地显露出自己的善意，她想要送出这些礼物，虽然礼物看起来不那么贵重。比如，她会给正在饱受疾病困扰的朋友打去一个慰问的电话；比如，她会向路边的人送上一束鲜花……这些礼物可以说是举手之劳，但是正是这些看似微小的礼物，却让沃克的人生发生了很大的改变，改变的关键在于——沃克变得积极了。她说：“意念真的是一种很强大的力量，正是每天这样坚持的付出，正在悄悄地改变着我的心理状态，这是一种精神治疗的力量，能治愈我的心灵！”不知从什么时候开始，她变得不再那么自怨自艾，而是非常乐观。她戒掉了对于药物的依赖，但是疾病却显示出明显的好转。第14天，她惊喜地说：“我竟然可以独立行走了，再不用依附拐杖。”第29天，她更加惊喜地说：“我已经重新开始工作了！这真是太神奇了！”

虽然这样的工作不会让沃克真正治愈多发性硬化症，却很有效地控制住了她的病情，并且有效地缓解了疾病带给她的前所未有的痛苦感。显然，这种付出承载着更加深刻的精神意义：以包容和更为开放的心态去面对这个世界的时候，一切都更加美好，这种积极乐观的精神，能让她笑看自己的人生。

药方的执行周期是29天，可是在29天的付出之后，沃克并没有停止，她每天继续付出，并且建立起一个网站，她希望发起一次全球性的“付出”运动，因为这种积极的力量可以改变人生，她希望传递到世界的各个角落。

如果你正在埋怨命运的不公平，正在遭遇着人生的瓶颈和痛苦，那么，不妨去做一些积极的改变，开始一段“29天的奉献之旅”。一个月可以改变人生，不信，你也试试看！

摆正心态，也要摆正位置

在人生行进的过程中，
一定要不断检阅自己、审视自己、摆正自己，
这样才能更深刻地认识自己，
调整好自己的心态，走好自己的路。

每个人都充当着一定的社会角色，有自己合适的位置。所谓“在其位，谋其政”，这个看起来再简单不过的道理，如果理解得不深刻，就无法扮演好个人的角色。好比足球比赛中，守门员就该在守门员的位置，如果跑去当前锋，结果可想而知。

生活中，想要成为一个优秀的人，就更需要摆正自己的位置，因为正确的位置，不仅会减去不必要的麻烦，更能帮助一个人学会看世界。

小王小的时候，每次吃饭妈妈都会提醒他：“筷子用来夹菜，勺子用来喝汤。”后来小王自己专门设计了一种改良的筷子，就是在每根筷子的前面加了一个小勺，这样就可以既夹菜又喝汤了。

小王拿着自己的“小发明”向妈妈炫耀说：“您看这不是既可以夹菜又可以喝汤吗？”

妈妈笑了笑说：“那你就好好用吧。”

晚上吃饭的时候，妈妈先端上来一碗土豆炖牛肉，小王的这双改良筷子由于前面有勺子的阻碍，所以功能就大打折扣，夹起土豆来也没有筷子来得快。由于吃饭的人多，大家三下两下就把一碗土豆炖牛肉吃光了，可小王还一口都没吃着呢。接下来妈妈端上来一碗西红柿鸡蛋汤，大家都改用勺子，小王的勺子由于比正常的勺子小，相对别人来说又输了半碗汤。

妈妈看着他笨拙的样子，笑了笑说：“你今天的‘小发明’很出风头啊！”

小王无奈地摇了摇头，看着自制的筷子，他陷入了沉思：勺子与筷子还是各有分工，夹菜时勺子替代不了筷子，喝汤时筷子替代不了勺子。

一个人要想在自己的工作岗位上发挥长处，就必须因岗定位，不要越俎代庖。弄不好本来可以升职的机会丢了，可以保住的职位没保住，真是得不偿失。

有这样一个故事：某广告公司里有一个广告部主任，经常越俎代庖，虽然公司总经理换了好几位，但是每位总经理都不是很喜欢他。根据他平时的言行，大家给他做了个分析，这个人由于在这个行业里混了十几年，经验比较丰富，新来的公司总经理都不太懂广告，由此他便目空一切，经常在背后把总经理与副总经理比喻成不会游泳的人偏下水游泳，还尽往深水里游。

这样的言论终于传到了公司总经理那里。这位广告部主任的业绩足可以做个副总经理，但是由于自身过于张扬，以致断送了自己的大好前程。虽然为公司做了不少贡献，但最终还是功过互抵，“功”就是他的工作业绩，“过”就是他张扬的个性。

人最重要的是摆正自己的位置，做自己应该做的事。如果本着一个谦虚的心态去开展工作，不去越权做事，努力完成自己应该做的工作，无论领导怎么换都没有关系。因为无论哪个领导都希望有一个忠心、能做事的人来配合他做工作。

心情小札 Philosophic life

妄自尊大与妄自菲薄一样，都是对自身存在错误认知的外在呈现方式。一个人，最重要的是有自知之明，即对自己具有清晰而准确的定位，勇敢而不失理性，沉着而不至于怯懦，做到这些，人生之路，才会走得更加顺畅。

有时候，你需要把自己逼到绝境

成功的机遇往往只有一次。
不给自己留退路，
带着充足的信心和勇敢，
全力以赴地专注于目标，
把自己逼上“绝境”，背水一战。
一个人一旦有了这样的意志和勇气，
就没有什么能够阻挡他走向成功。

许多人都喜欢在做什么事之前先给自己留好退路，以免在失败的时候无路可退。其实，这种心理本身就隐含着对失败的担忧，是一种消极懈怠的想法。退路，更多的时候就是牵绊一个人全力以赴的绳索。

唐文大学毕业后换过很多工作，每到一家新公司还没工作几个月他就会因为各种原因想辞职，比如说工作太忙，总是加班或者工作太简单，没有提升的空间，等等。但是，他跳槽始终有一个原则，那就是先找好退路。他总是一边上班一边找工作，结果这边的工作没干好，新找的公司也总是凑合着就跳过去了。虽然已经毕业好几年了，但是没有什么拿得出手的成绩。

一次，他刚跳到一家新公司，就被要求参加一个新员工培训。培训即将结束的时候，公司组织了一次考试。

考试那天，公司派车把大家拉到了一片森林前，然后给每个人发了一张地图。地图上有一个终点，同时也标出了三条通往终点的路。按照约定时间到达终点的人就算通过考试，其他人将会被淘汰。

唐文拿过地图，选择一条看起来最好走的路出发了。他边往前走边在路边留下记号，给自己留好退路。一旦这条路不通，还可以按照记号原路返回，选择另一条路。走了一段路之后，唐文遇到了一片荆棘，每走一步都痛苦万分。要想穿过这片荆棘恐怕不可能，唐文想，还好我给自己留了退路。于是，他又按照沿途的记号退回到了原点。

接着他选择了另外一条路。同样，一路走来，他也留下了许多记号。刚开始还比较顺利，但是，走着走着，唐文就觉得自己好像走进了迷宫，无论怎么走都像是在原地踏步。他只得再次放弃，原路返回。

现在，只剩下一条路了，无论唐文是否愿意都必须踏上这条路。这一次，唐文一心只想往前走，没有在路上留下任何记号。他知道，即使自己留下记号也没有选择了。如果再回到原点就等于自己放弃了这次考试，也就失去了进入这家公司的机会，那意味着自己将会失业。

在最后一条路上，他不但遇到了荆棘，同样也遇到了迷宫，但是因为没有退路，他只好硬着头皮往前走。最后居然顺利地走了出来。原来，无论是荆棘还是迷宫都不像想象中那么难走。有了这样的体验，一路上无论遇到什么困难，唐文都一往无前。最后，他终于在规定时间之内顺利到达了目的地。

后来唐文和其他同事聊天的时候发现：其实第一条路是最好走的，走过那片荆棘就是坦途；而第二条路相对来说稍难一点，但是困难也比第三条路要少很多。选择那两条路的人都提前到达了目的地。

最后，公司的总经理总结说："或许大家已经发现了，无论选择哪一条路，只要坚持走下去，最后都能够到达终点。如果一心想着给自己留退路，遇到一点困难就后退的话，只能把问题复杂化。在今后的工作中，我希望大家都不要给自己留退路，无论遇到任何困难都勇敢地前进，这样的人才是我们公司最需要的卓越员工！"

总经理的话使唐文彻底明白了自己的人生到现在如此失败的原因，是退路拉了后腿。

人生本身就是一场没有退路的旅行，除了勇往直前，没有更好的方法以最快的速度到达目的地。侯斌，一个九岁就失去了一条腿的残疾运动员，一个三届残奥会跳高冠军，一个三届德国全明星跳高世界冠军，用一往无前的意志力切断了自己人生的退路。

旋转，跳跃，
身体在寂寞的时光中，
舒展，飞腾，
划出一个个完美的弧度。
忘记暖阳，也忘记冬雪。
当坚持的汗水砸落在地的时候，
迸溅出的是一个破茧成蝶的你。

虽然在九岁就因为一场意外失去了一条腿，但侯斌从未放弃过自己的人生。他练习书法，学习画画……用各种方式在自己残缺的人生中前进着。

高中毕业的时候，酷爱体育的他选择做一名跳高运动员。虽然这一选择遭到了很多人的质疑，但他毅然向梦想出发，没有丝毫的迟疑。

然而，对于一个只有一条腿的人来说，要想跳过一次比一次高的横竿，每次都要付出比常人多出不止十倍的辛苦。尽管他非常努力，甚至因为长时间的锻炼而落下满身伤痕，但成绩依然不尽如人意。

这个时候，有些人站出来劝他放弃，何必非要去做一个常人都不容易成功的运动员？而他想的却是如何才能够突破自己。就在这时，教练和他的一场谈话点燃了他的希望。教练指出，以“背跃式”的姿势越过横竿是大家常用的方法，但是对于身体残疾的侯斌来说，这种姿势就会存在一定的局限。他建议侯斌尝试一下以“鱼跃式”越过横竿的方法。虽然练习“鱼跃式”的姿势要付出更多的精力，吃更多的苦，但侯斌依然坚持练习。

多年以后，在谈到自己的成功经验时，侯斌说，自己从选择跳高开始就没想过为自己留后路，没有了后路，自己就只能全心全意地努力把跳高练好。

渴望成功并积极行动的人，从来都没想过为自己留退路。因为没有了退路才会尽自己最大的努力向成功前进，

笑傲人生，关键靠“自救”

当生活中的风浪来袭，
自救是唯一的方法。
不要抱怨，也不用祈祷，
除了自己积极主动地去创造，去改变，别无他法。

每个人都会需要别人的帮助，而大多数时候，除了自己没有谁能够真正帮助到我们，哪怕是上帝。即便上帝真的能够提供帮助，而如果一个人永远都只是紧握双手向上帝祈求帮助，却从不伸出双手，又如何接住上帝的帮助呢？

自信是成功的一半，给予自己信心就是对自己最大的帮助。大多数的失败者之所以失败，不是因为能力不行，而是因为信心不够，不敢迈出第一步。

一个女士每天晚上都向上帝祈祷，希望能够得到上帝的帮助，过上幸福的生活。但是，她的生活依然没有什么变化，枯燥、无味，毫无幸福感可言。

一天晚上，她做了一个梦。在梦中，她在商场里看到了一家非常华丽的店铺。虽然她很想进去看看那里面卖的是什么，但是，她摸着自己兜里那点钱，实在没有勇气走进那么华丽的店铺。

最后，她还是按捺不住好奇心，走进了店铺。谁知，她一走进店铺，就收获了一个惊喜，站在柜台后面的老板居然是上帝！她想：幸亏我进来了，不然就错过了上帝。

但是，她看了一圈也没有看到什么商品，就疑惑地问上帝："请问，这里出售什么？"

上帝笑着说："你内心想要的任何东西。"

"我想要幸福，这里有吗？"

"有。"

"智慧呢？"

"有。我说了，这里有你想要的任何东西。"上帝又重复了一遍。

"那，贵吗？"这个关键问题，她必须要问。

"不贵，如果你真的非常需要，我们可以免费赠送。"

她简直欣喜若狂，迫不及待地和上帝说："我要幸福、爱情、快乐、智慧……"

"不好意思，女士，我们这里不卖果实，只卖种子。你刚才说的这些我们这里都有种子，但是需要你把它种在心中，种在生活中，你真的还需要吗？"

这个女士战胜了自己的不自信，迈出了第一步，然后才见到上帝。而即使是上帝，所能给她的最大帮助也只是提供一粒种子，至于如何让这粒种子生根发芽，开花结果，关键还要靠她自己。

求人不如求己。改变不了困难，我们只有改变自己。在现实中，人就是自己的上帝。一个人要敢于做自己的上帝，给予自己足够的信心去面对困难，战胜困难。一个人只要拥有绝对的信心，并且充分发挥自己的主动性，用自己的双脚去行走，用自己的双手去创造，就能真正获得自己想要的一切。

一个搬家公司的工人在替一家人搬家的时候，不小心打碎了一只珍贵的花瓶。那家主人非常生气，不但扣掉了工人的所有报酬，还坚决要求工人赔偿。

工人不知道这个时候自己除了祈祷还能做什么。他每天都到教堂去向上帝祈祷，祈求上帝的帮助。一个礼拜后，教堂的神父注意到了这个悲伤的年轻人。他走上前，关心地问："我有什么能够帮助你的吗？"工人就把事情原委告诉了神父。

神父听完之后说："或许你可以想办法把那个打碎的花瓶修补好。我听说有一种修补技术，能把破碎的瓷器粘得像新的一样。你可以去学习这种技术，然后把那个摔碎的花瓶粘好。"

工人听后摇了摇头说："恐怕只有上帝才能把摔碎的花瓶粘好吧。这是不可能的事。"

神父并不反驳，只是说："干脆你去问问上帝吧。"

说完，神父带着工人来到了教堂后面的一面石壁前，然后和工人说："上帝就在这里，只要你对着它大声说出你的心里话，上帝就会回答你。你可以问问上帝，一个破花瓶是不是可以粘好。”

工人不相信地看了看神父，神父给了他一个鼓励的眼神。他只好对着石壁说：“上帝，这个世界上真的有一种技术能把花瓶粘得像新的一样吗？我想这是不可能的。”

然后他就听到了上帝的回答：“这是不可能的。”

工人失望地看着神父，神父却没有因为上帝否定了他的话而显得尴尬。他看着工人说：“上帝只会帮助自信的人。你要先对自己有信心，然后上帝才会对你有信心。你试着满怀信心地向上帝征求意见，看看上帝会怎么说。”

工人鼓起勇气再次开口：“上帝，请你帮助我，给我力量。只要你帮助我，我就一定能够把花瓶粘好。”

他刚说完，就听到上帝说：“一定能够把花瓶粘好。”

工人高兴地对神父说：“你听到了吗？上帝已经答应帮助我把花瓶粘好。”

神父笑着说：“那你就去好好学习瓷器修补技术吧。”

于是，工人就信心满满地去学习瓷器修补技术了。走之前，他还和花瓶的主人达成了协议，只要他能把花瓶变得完好无损，再赔一小笔钱就可以了。

一年之后，工人通过自己的努力，终于学会了把碎花瓶粘好的技术。他运用自己掌握的技术，真的把那只打碎的花瓶粘得和原来一样，还给了花瓶主人。然后，他又通过自己的技术替许多人粘接打破的古董花瓶，赚了很多钱，赔给了花瓶主人。他也因此名声在外，开始有越来越多的人来找他粘破碎的古董花瓶。

名利双收之后，他想起上帝对自己的帮助。他再次来到教堂，和神父说自己要去石壁前感谢上帝。神父笑着说：“其实，你最应该感谢的人是你自己，你就是你自己的上帝。”说完神父带着他再次来到那块石壁前，大声说了几句话，每次他说什么，“上帝”就会重复一遍。看着他一脸困惑的样子，神父解释说：“这是一块回音壁，所谓的‘上帝的声音’，其实就是你自己的声音，是你自己给了自己足够的信心，并为之努力，你才取得了今天的成就。”

当一个人相信自己能够战胜困难，改变命运的时候，浑身就会充满信心和力量，勇敢地去行动，一步步去实现心中的愿望。

Philosophic life

如果他是一棵软弱的芦草，就让他枯萎吧；如果他是一个勇敢的人，就让他自己打出一条路出来吧。——司汤达

人生不过四个字——好好活着

生命短暂，
我们应该把握住生命中的每一分钟，好好活着。
如果想让你的生命更加丰富多彩，
更加富有意义，
那就努力珍惜当下所拥有的一切，
充分发挥它们最大的价值，
而它们也将会把我们的生命织成一张美丽的网。

人的一生总会经历许多事情，有的让人快乐，有的则令人悲伤；人的一生也会有许多梦想，有的已经实现，有的永远也无法实现。不论快乐或者悲伤，也不论梦想能否实现，这些都是活着的幸福，因为人的生命只有一次，只有活着，我们才有资格经历。

在这个大千世界，人的生命是最坚强也是最脆弱的，一场疾病或者意外都可能使生命走到尽头。据统计，在全球范围内，每个星期逝世的人累计有近百万。每一个活着的人都应该怀着一颗感恩的心在今天好好地活着。对于每一个人来说，死都是难免的，既然如此，就把活着的每一天都当作最后一天来过，让它的意义和精彩最大化。

一个女孩在春暖花开的季节，怀着满心的喜悦买了一盆花回家。刚开始的几天，她每天都定时定量给花浇水，照顾得无微不至，花也长得煞是喜人。

有一天，她突然接到公司让她出差的通知，简单收拾一下行李她就离开了家。等她出差一周回来，发现那盆花早已干枯。虽然有些遗憾，她也只能选择丢弃。

就在她拿着花准备把它扔到垃圾筐的时候，门铃响了起来。她只好放下花去开门。原来是她妈妈来看她。妈妈进屋后，一眼就看到了桌上干枯的盆花，惋惜地说："这么好的盆花，你也不好好养着，真是可惜了。"说着她就拿起了水壶往花盆里浇水。

女孩说："您就别费那个心思了，都干巴成那样了，肯定都死了，浇也浇不活了。"

女孩的妈妈却不以为然，浇好了水，她把花放在了阴凉的地方。然后才开口说："你坚持浇水，等过几天你再看看它。"

女孩虽然觉得妈妈多此一举，但是也不忍心拂了老人家的心意，就由她了。谁知，几天以后的一个早上，女孩拉开窗帘的时候，惊奇地发现那盆花之前干枯的叶子已经有了新绿，还绽开了几朵小花。她兴奋地给刚走没两天的妈妈打电话汇报情况："妈妈，那盆花真的活过来了！干了一个礼拜呢，它居然撑着不死！"

“丫头啊，那盆花不是撑着不死，而是好好活着。”妈妈在电话那头嗔怪着说。

“不是一个意思嘛！”

“不一样！撑着不死的人想着多活一天是一天，得过且过；好好活着的人则想着只要活着一天就要让这一天有意义。最后，你会发现撑着不死的人往往比好好活着的人先死去。丫头，人的生命有时候就像那盆花，会突然遭遇变故，比如疾病，比如遗弃，无论怎样，我们都应该好好活着。当你珍惜当下的每一天，把每一天都活得非常有意义，你也就活出了一个漂亮的自己。”

哪怕是一盆花也会努力把生命之路尽量延长一些，在生命受到威胁的时候依然带着希望好好活着。同样，在人的生命中除了喜悦还有悲伤，除了顺境还有逆境。或许你此刻正处在逆境中，感受不到生命的喜悦和幸福，那也不要因此失去活着的力量。像一朵花、一棵草那样坚强地活着吧，毕竟好好活着本身就是一种幸福。

在过去的一分钟好好活着，生命就拥有了一分钟美好的回忆；在此刻的一分钟好好活着，生命就因此增添了精彩。三毛说：“享受生命一刹那间的喜悦，那么即使我们不死，也在天堂里了。”上班、下班、吃饭、睡觉、逛街……把这些生命中每一个刹那间发生的都认真地去经历，去珍惜，就是一种幸福。

一天，一位智者和一群人在一起谈论生命的意义。

智者问：“你们觉得人们每天都忙忙碌碌究竟是为了什么呢？”

第一个人说："人们这样忙忙碌碌就是为了能够获得更多名利，为了吃饭穿衣，满足自己的需求。"

"那满足需求之后呢？"智者继续问。

第二人接着说："满足需求之后他们就能有时间享受生命了啊！"

智者听到这里，环视着众人，又继续问道："那么，你们说一个人的生命究竟有多长？"

"凡人的生命平均起来有几十年。"第三个人自信地回答道。

智者听了之后，摇摇头说："你还没有了解生命的真谛。"

第四个人听智者这么说，赶紧补充说："人生一世就如草木一秋。春天开始萌芽，长枝叶；等到夏天来临，鲜花盛开，灿烂夺目；然后经历瑟瑟秋风的洗礼，繁花落尽；寒冬时节，连枝叶也会枯萎，一切均化为尘土。"

智者赞许地笑了笑，说："你已经察觉到了生命的短暂，但是这些依然只是表面的。"

这时，第五个人悲伤地说："我觉得人就像蜉蝣一样，也就是一昼夜的时间而已。早上才出生，晚上就死亡了。"

智者高兴地笑了起来说："你虽然已经观察到了生命朝生暮死的现象，但是还不够透彻深入。"

第六个人站起来说："其实人的生命就像朝露一样，虽然美丽，但只要阳光一照射，瞬间就消逝了。实在脆弱得很啊！"

智者笑而不语。第七个人站起来说："我觉得人的生命只在一呼一吸之间。”

这次，智者才真正开怀地笑了起来。然后，他看了一眼惊诧的众人，说：“一呼一吸之间，这才是生命的长度，这才是生命的精髓。很多人都以为生命很长，可以一天一天地活下去。其实，生命只在一呼一吸之间。所以，每个人都应该珍惜当下的自己，把握好生命中的每一分钟！”

不要以为生命还有很长，其实，它只在你的一呼一吸之间，只在你的双眼一睁一闭之间。你所应该做的就是好好地珍惜实实在在拥有的现在，好好活着。不要等到生命不再，才猛然发觉自己错过了每一个“现在”，也错过了整个生命。

Details

把握每个今天，成就更好的自己

在浩渺的宇宙中，
人的生命是如此短暂，
我们根本没有太多时间去为昨天而悔恨、悲伤。
昨天的一切都已经过去，
不要再为某个细节的失误而忧虑、叹气，
毕竟前方还有许多事要做，还有许多路要走。

泰戈尔说："当你因为失去月亮而哭泣时，你也将失去群星了。"人的一生可以用昨天、今天和明天来概括，昨天代表逝去的过去，今天代表可以把握的现在，明天则代表尚未来到的将来。在已经过去的昨天，人总会失去一些不愿失去的人或物，留下许多无法弥补的缺憾。

但是，如果把今天用来追悼在昨天失去的一切，那就会连今天和明天也同样失去。如果说昨天的遗憾是一种失误，那么人在哭泣的时候任由现在慢慢流逝，把遗憾无限地扩大就是咎由自取了。让生命更加圆满的最好办法不是为过去叹息、哭泣，而是好好地活在当下。

从前，有一个人想尝试做生意。但是，从小到大他一直都在读书，不知道如何去做生意。他边学边干，再加上很有生意头脑的妻子的帮助，生意倒也慢慢好了起来。眼看着生意越做越顺，越做越大，他决定大干一场。谁知，就因为一次投资的失误，他的生意一下子陷入了绝境，他也几乎破产。

这个时候，他没有去总结原因，而是一味地痛恨自己当初的武断和大意，悔恨当初的得意忘形。这次失败使他尝到了惨痛的滋味，他每天都用酒精麻痹自己，希望能借酒浇愁。他妻子看着他日渐消沉，心急如焚，只能每天都劝他打起精神，生意上还有好多事等着他去处理。但是，这种劝解根本不起作用，他对妻子大发脾气，责怪妻子当时不替自己把关，抱怨老天对他不公。

他已全然不记得今夕是何时，每一天都停留在生意失败的那一天，甚至把每个今天都用于对那一天的悼念，叹息。

他停住了人生的脚步，但时间并没有和他一起止步。随着一个个“今天”的流逝，他的生意因为无人打理彻底失败，还欠下了一堆债务。而他的妻子，因为再也无法忍受他这样无法自拔的状态而搬回了娘家。

看着妻子离去的背影，他觉得非常难过。每天在外面喝醉酒回家之后，面对冷冷清清的家，他总会想起以前妻子对自己的照顾，心生内疚。但即便有愧疚感，他还是对人生心灰意冷，感觉失去了整个世界。

有一天，他醉眼蒙眬中看到妻子向自己走来。妻子还是那样美丽，那样温柔。她看着他说：“你失去的只是昨天的生意和昨天的我，你还有今天，还有明天。但是如果你把今天和明天都用在买醉和后悔上，你就真的什么都失去了。”

猛然惊醒，原来是一场梦。他觉得自己真的是太愚蠢了，为无法改变的“昨天”已经浪费掉太多的“今天”和“明天”了，他可不想再让自己的人生留下一个又一个遗憾。于是，他振作起来，接回了妻子，整理好心情，从“今天”开始，重新踏上了人生的旅程。

如果这个人没有走出昨天留下的阴影，而是继续自暴自弃，等待他的恐怕将是一个又一个遗憾。其实，对于每个人来说，真正重要的都是今天，如果一味地活在昨天的阴影中无法自拔，那就只能在今天成为昨天的时候再次叹息。

人生总是有许多的不如意，作为平凡人的我们也总是因为各种原因而留下许多遗憾。但是，春天不会因为一朵花的凋零而失去绚丽的色彩，河流不会因为一滴水的干涸而停下流动的脚步，人生也不会因为昨天的一次遗憾而变得荒芜。昨天的遗憾已经不可避免地发生，我们需要做的就是接受它，而不是沉溺其中忘记今天的存在。

“世界发明大王”爱迪生一生中共有两千多项发明。能够取得如此大的成就，除了他具有发明天赋外，关键在于他对时间的珍惜。爱迪生常常说："浪费，最大的浪费莫过于浪费时间了。"

在爱迪生看来，对时间的珍惜就是对生命的珍惜。只有紧紧把握住每一个今天，甚至是当下的每一分钟，才能使过去的每一天、每一分钟都有意义。

有一次，爱迪生和他的助手在实验室工作。当时，他们正在为发明灯泡而不断地进行试验。爱迪生递给助手一个还没有上灯口的玻璃灯泡，对他说："你测量一下这个灯泡的容量。"说完他就继续低头工作了。

等到爱迪生从自己的工作中回过神来，时间已经过去很久了。他问助手："那个灯泡的容量是多少？"他等了一会儿没有听见助手回答，就转身朝助手那边看去。结果，他看见助手正在拿着一个软尺测量玻璃灯泡的周长。他走到助手身边，发现桌上的笔记本中已经记录了好多数字：斜度、高度、宽度、周长……很显然，他的助手准备用这些繁琐的数字来算出灯泡的容量。

爱迪生非常着急地和助手说："你怎么能为这么一点小事就浪费这么多时间呢？"他立即拿起那个玻璃灯泡，把里面倒满了水，然后递给助手，说："你去把这里面的水倒在量杯里，立刻把容量告诉我！"

助手按照爱迪生说的去做，很快就得到了灯泡的容量。他脸红地看着爱迪生说："这么简单的方法，我怎么就没有想到呢？真是太笨了！"

爱迪生却说："不要再为过去的事情自责了，马上去工作吧！

人生太短暂了，要节省一些时间，多做事情啊！”

不仅如此，爱迪生常常为了做试验，连续好几天都不出实验室，也不睡觉。实在太累了，就拿书本当枕头，在实验室里随便找个地方休息一会儿。他的朋友和他开玩笑，说他“连睡觉都在吸收书里的营养”。

要紧紧地抓住今天，把全部精力和热情都投入其中，无论今天是阳光灿烂，还是阴云密布。用今天的行动终止昨天的遗憾，才能真的无愧于昨天和明天，无愧于自己的人生。

在人生的旅途中，我们会经历许多站，如果因为在某一站的失误而停住脚步，任由一列又一列幸福列车从身边开过，错过的只会更多。因此，不妨活得潇洒豁达一些，及时放下昨天，和当下的自己对话，珍惜此刻。

心情小札 Philosophic life

不要为昨天而哭泣，更不需为未来而忧虑。因为昨天早已过去，而未来还未来临，你能做的，只有把握住今天与当下的每时每刻，不让悔意牵绊自己，也不让懒惰束缚自己，在人生的每个站口，你都要努力做到最好。

Details

给自己最好的交代

在人生路上，
要走对一步并不难，
难的是每一步都走对，
尤其是最关键的那几步。
在这一步一步中，结局已经被你踏出来。
关键的时候，踏出的一步，
往往意味着离最后的结局越来越近。

下棋的时候，常常是一颗棋子的走动就能够决定结局的成败，同样，对于人生来说，每一步都至关重要。然而，昨天已经过去，未来尚未开始，所以，我们只需要想到眼下这一刻即将踏出的这一步，把所有的注意力都集中于此，认真过好眼下的每一天，给自己一个最好的交代。

一生中曾获得两次诺贝尔奖的杰出科学家居里夫人把每一天都看得非常重要，认为只有过好每一天的人才能获得快乐。她曾说：

“我以为人们在每一时期都可以过有趣而有用的生活。我们应该不虚度一生，应该能够说，‘我已经做了我能做的事’，人们只能要求我们如此，而且只有这样我们才能有一点快乐。”

为了能够把更多的时间花在重要的工作上，每天都给自己一个最好的交代，居里夫人十分珍惜时间。在她和丈夫皮埃尔·居里结婚布置新房的时候，在房间里只放了两把椅子，只够他们两个人坐。皮埃尔·居里曾提出椅子太少，万一来了客人会没地方坐，建议再添置几把。但是，居里夫人说：“房间里有了椅子给客人坐是好的。但是，客人一坐下来就不会那么快就走啦。为了多一点时间去搞研究，还是不要再添置椅子了吧！”

因为长期从事放射性物质的研究工作，加上恶劣的工作环境，居里夫人患上了白血病。另外，她还患有肺病、眼病、胆病、肾病，甚至还得过一段时间的神经错乱症。但是，居里夫人并没有因此放弃工作，她认为科学研究要比她自身的健康重要很多。

她曾为了参加世界物理学大会而把肾脏手术延后，她曾忍受着难耐的眼病，甚至冒着失明的危险顽强地工作，她曾拖着带病的身体参加镭研究所的开幕典礼……在她的一生中，这样的故事数不胜数。直到她因为疾病高烧不退，躺在床上生命垂危的时候，她还在关注实验室里的工作情况，要求女儿不停地向她报告。居里夫人把生命中的每一天都献给了工作，每一天都给了自己最好的交代。

居里夫人的一生正印证了她曾说过的那句话：“我也是永远忍耐地向一个极好的目标努力，我知道生命很短促而且很脆弱，知道它不能留下什么，知道别人的看法不同，而且不能保证我的努力自有道理，但仍旧如此作。我如此作，无疑地是有使我不得不如此作的原因，正如蚕不得不作茧。”只要每天都坚持不懈地努力，争取做出更好的成绩，就是对当下的自己最好的珍惜。

生命是如此脆弱，生和死之间的距离有时候不过咫尺，你必须看清楚自己跨出去的每一步，因为你永远不会知道这是不是终结你生命的那一步。当然，在平凡的日子里，这种极端的情况发生的几率非常小。尽管如此，我们依然要把每一步都走好，把每一天都过好，未来可能就决定于此。

在2008年的奥运会上，菲尔普斯一个人夺得了八枚金牌，被人称为历史上最伟大的全能游泳运动员。但是，这个金光闪闪的体育明星一路走来却并不轻松。

小时候，他长手长脚的样子给他带来了不少的麻烦，大家都觉得他看起来很蠢。但是，他迷上了游泳。当他把学游泳的想法告诉父亲时，却遭到了强烈的反对。因为，家里根本负担不起专业游泳训练所需要的巨大开销。

但是，父亲的拒绝并没有让菲尔普斯退却。从小学习游泳，如今已经是游泳队员的姐姐支持菲尔普斯，并让他跟着自己一起练习游泳。因为不甘心做个失败者，他总是比别人更加努力。所以他总是能以最快的速度掌握别人不能掌握的游泳技巧。

当他站在奥运会的领奖台上享受那份荣誉的时候，他能清楚地看到自己一路走来的每一个脚印，他知道，在这些脚印中，如果有一步走错了、走偏了，他都不可能有今天的成就。

人都是有惰性的。总有那么一些人，他们在面对眼前大量的工作和任务时，会给自己找出各种理由，比如说身体不太舒服，实在太累了等，然后就把这些事情推到明天再做。他在今天没有留下脚印，因为他躺下休息了，而明天又因为其他的理由一样没有留下印记……最后，他的人生就在这样的“休息”中走到了尽头。

还有一些人，只顾朝前走，却从不低头看脚下，最后走错了方向，也迷失了整个人生。其实，每个人走路的时候，脚尖所指的方向就是你下一步要走的方向。在行走的时候，你只有不时地低头看清自己脚下的方向，才能够在方向偏离的时候及时调整，认真地把每一步都走好，这样才能走出一个理想的人生。

不愿躲在避风的港口，
哪怕波涛汹涌，
也愿做守卫你的灯塔，
乌云后有晴天，
我们要珍惜风雨后的阳光。

Details

“愚儿移山”又何必

明智的放弃胜过盲目的坚持。

凡事不能强求，

有时候放弃恰恰是对成功的一种成全。

坚持一件对的事情，往往令人敬佩不已，

而盲目地坚持一件不可能实现的事情，则是十分愚蠢的。

有许多不必要的烦恼和不快都源于过度的固执和错误的坚持。坚持固然是一种良好的品质，一个人想要获得成功，坚持是一个必备的元素。但是，对有些事情而言，错误的坚持却容易使人步入迷途，最终一无所获。付出得不到回报，徒劳无功，没有收获和希望，想必这样的人生谈不上价值。虽然我们不能控制外在的一切，却能够改变自己，让自己不那么执拗，换个角度去思考，或许会绕开不快，柳暗花明。

一天，父亲准备带着儿子去赶集，俩人走在弯弯曲曲的小路上，突然发现前面有一块大石头挡住了去路。儿子在石头前面停了下来，父亲看着他一脸愁苦的样子，问："怎么了？继续往前走啊！"

儿子哭丧着脸说："真倒霉！这么块大石头挡住了路，这还怎么往前走啊？"

父亲说："很简单啊，从石头旁边绕过去不就行了吗？"

儿子说："不，你经常跟我说，人要有所坚持。我就要从这条路上过去，绝不绕道。"

父亲看着儿子意气满满的样子，有些担心地问："那你准备怎么坚持？"

儿子说："无论如何，我都要搬开这块大石头！"说完，他用尽全身力气，开始搬那块大石头，可大汗淋漓地试了好多次，那石头就像生了根一样，不肯移动半点。

父亲想上前帮忙，却被儿子拒绝了："让我一个人来搬走它，我相信自己可以的，只要坚持下去。"

尽管无法移动石头，但执拗的儿子丝毫没有放弃的念头，直到太阳下山，儿子也没有能够搬开那块大石头。反而是他，早已累得筋疲力尽，甚至连走回家的力气都没有了。而他们原本去赶集的计划，也因此耽搁。美好的一天就因为一块大石头而浪费了。

现实中，常常有许多人就像故事中的儿子那样固执，为了一件微不足道的小事而错误地坚持，忽视了重要的事情。最后，时间在我们和自己较劲的时候悄然流逝，我们只收获了一场空。与其无谓地坚持下去，不如审时度势地放下。放下是一种智慧，我们会有更多的机会去做更重要的事情；放下亦是一种解脱，我们能够从容地收获一份悠然自得的快乐。

坚持是一个持续积累的过程，想要成就一件大事，必须一步一个脚印地从小事做起，正所谓“不积跬步，无以至千里；不积小流，无以成江海”。谁都会说大道理，但是真正坚持下来的人却很少。这里不得不说的是，坚持是以成功为目标的，是具有可行性的，而对欲望的坚持会使人扭曲。俗话说，命里有时终须有，命里无时莫强求，世事无常，我们不能太贪心。放开了执着，放开了贪念，也就放开了自己。

有一个小和尚，一心想修成佛。但是，他入佛门三年，住持既不让他诵经，也不让他坐禅，每天不是砍柴就是烧饭。这样的话到什么时候自己才能修成佛呢？小和尚非常着急。

一天，小和尚上山砍柴的时候，坐在树下想着怎样才能悟道尽快修成佛，不知不觉就睡着了。迷迷糊糊的时候，好像有什么东西来到他面前。他低头一看，原来是一只从来都没见过的小动物。它笑眯眯地看着小和尚，突然开口说话了：“你不是一直想得到我吗？我来了。”

小和尚非常惊奇地问：“你是什么东西？怎么还会说话？你认得我吗？”

“我就是你一直想找的‘悟’啊！”

小和尚一听，非常高兴。真是“踏破铁鞋无觅处，得来全不费工夫”。自己每天都在费尽心思悟道，没想到它居然自己送上门来了，一定要把它抓住。

谁知这时他听到那“悟”说：“你还真是心急啊！刚看到我就想把我抓住，休想！”

看到小和尚一脸茫然的样子，“悟”得意地说：“我能够知道你心里所有的想法，知道我有多厉害了吧！”

小和尚看着它得意的样子，心中有些气恼，转念一想，我干脆不理它，假装当它不存在，然后趁它不注意的时候把它抓住。还没等他的想法成熟，“悟”再次开口说：“你当我不存在又不会影响我什么，别妄想趁我不备的时候抓住我了！”

小和尚的想法一个又一个地被“悟”点破，他甚至有些恼火了。

“悟”说：“你也不用生气，我本来就在你心中，所以你想什么我都知道得一清二楚。”

小和尚听它这样说，干脆放弃了抓住它的想法，转而专心地去砍树。小和尚越砍越投入，因为用力过猛，突然“咔嚓”一声斧头断了，飞了出去，刚好砸中了“悟”。

小和尚兴奋地“哈哈”笑出声来，睁开眼睛，原来是一场梦。醒来之后，小和尚反复想着刚才的梦，他突然明白了一个道理：原来得到的最好方法是放弃，如果整天执着于怎样才能悟道恰恰很难开悟，而一旦放弃开悟的念头，反而很快就能开悟了。

当我们适时放下和自己较劲，不再执着于空想，不做错误的坚持的时候，反而能够看清自己的内心，了解自己最需要的是什么。

自信这堂课，绝不能挂科

性格决定命运。
自信不仅仅是一种性格，
更是一种能力，
拥有这种能力的人，
既可以在人生中把握住更多的机会，
也可以收获到更多的肯定与赞同。

自信能够使人展开梦想的翅膀，给人坚强的毅力、战胜困难的勇气，为人点燃化险为夷的智慧火花。有自信的人能够正确认识自己的能力，了解自己的优点和缺点，充分发挥自己的优势，对自己的人生充满必胜的信心。

如果人生是所学校，那么自信就是每个人必修的基础学分，其他的幸福、快乐、成功等都需要有自信这个学分做基础才能获得。

高尔基说："只有满怀信心的人，才能在任何地方都把自己沉浸在生活中，并实现自己的理想。"一个人如果连自信的学分都没有修够，无论多么美丽，多么有才华，都很难在人生的舞台上秀出自己，为自己赢得满堂喝彩。

有一位大师晚年的时候，决定为自己的毕生所学找一个合适的传人。因为身体的原因，他不得不常年卧病在床。为此，他把助手叫到身边，告诉他自己想找一个世界上最优秀的人来传承他的思想，这个人不但要有非常广博的学识，还要有优秀的品德，关键是要有足够的自信和非凡的勇气。大师希望助手能够去帮他找到这样一个人。

但是，助手找了很多天，依然没有找到一个合适的人。眼看大师的身体一天不如一天，助手十分着急。但是，要满足大师的所有条件，并不是一件容易的事。直到大师即将离开人世，助手依然没有找到那个最优秀的人，他觉得非常愧疚。

看着大师失望的眼神，助手低声说："对不起，我真没用，连一个人都无法帮您找到。"

大师无奈地摇摇头说："你最应该说'对不起'的人其实是你自己！这些年你在我身边已经了解了我大部分的思想和学识，而且你拥有非常优秀的品德，善良，宽容，有爱心。我最后考察你的一项就是自信心，可惜这一门考试你没有通过。你一直忙着找别人，把眼光全部都放在别人身上，唯独忘记了你自己。记住，在漫长的人生路上，自信是一门必须学习和掌握的课程，否则，再多再好的机会在你面前，你都会视而不见。"

助手因为不自信而错失了成为大师继承人的机会。其实，人生处处都存在各种各样的机会，一个人只有拥有足够的自信，勇于尝试才能把握住这些机会，不致留下遗憾。

对自己的不信任具有强大的破坏力，它会打消人的斗志，扼杀成功的希望，使人失去前进的动力。对自己充满信心的人可以跨越障碍，创造奇迹。自信会赋予他强大的力量，让他一往无前，去完成那些在别人看来根本不可能完成的事情，甚至能够使他在失败的边缘力挽狂澜。

在古代，有一个非常优秀的将军，他几乎没有打过一场败仗，所以大家都称他为“常胜将军”。当人们问他赢得胜利的秘密武器是什么的时候，他给大家讲了这样一个故事：

有一次，他带着五千人的军队驻守城池，敌人却用五万人来攻城。面对如此巨大的实力差距，他依然决定要坚守城池，打赢这场仗。但是，他的部下却不相信他们在这样的局势下还能够打胜仗。

看着大家意志消沉的样子，将军知道还没开打，自己的军队就先自己打败了自己。于是，他带着所有的部下来到一个据说非常灵验的寺庙。他对部下说：“现在，我要进去抽一支签，让佛祖来告诉我们这场仗的结果是什么。如果我抽到一支上签，就说明我们会赢，那我们就勇敢地站在自己的位置上，保卫城池；如果我抽到一支下签，那就代表我们会输，我就带领大家撤退。”

说完，将军就走进了寺庙，跪在佛祖面前祷告几句，然后就拿起签筒摇了几下，一支签掉了出来。有几个心急的部下迫不及待地走上前，他们看到将军手中拿的是一根“上上签”，便欢呼着把这个好消息告诉了所有人。一时间，大家都斗志昂扬，充满了必胜的信心。

最后，他们真的战胜了强大的对手，获得了胜利。部下们都说："感谢佛祖保佑。"

将军却笑着说："其实，是你们自己打赢了这场战斗！"然后他告诉了大家实情，原来在去寺庙抽签之前，他就提前去那里把签筒里的中签和下签都换了下来，所以，无论他怎么摇，掉出来的都会是上签或者上上签。

人生就是要战胜一场又一场挑战，打赢一场又一场战斗，其中，自信是关键。一个人之所以不能取得成功，很多时候和能力、条件、环境都没有太大关系，关键在于他是否相信自己。如果他在心中已经对自己产生了怀疑，他的头顶就已经被失败的乌云所遮挡，他将看不清前方的道路，怯懦地不敢向前，等待他的也只有失败。

人生需要自信，却不需要自负。自信必须建立对自己充分了解的基础上，它是一个人对自己能力和价值的一种积极肯定，而不是毫无来由的妄自尊大。在自信这堂课上，敢于接纳真实的自己，勇于正视自己的缺点，同样是要学习的内容之一。

做个点赞王，为自己鼓掌

没有掌声，不意味着没有价值，
每个人的人生都会充满坎坷。
有时候，努力了却依然没有成功，
这时也要为自己鼓掌。
求人不如求己，
世上根本没有什么救世主，
要坚信自己终会成为人生舞台上耀眼的焦点。

在人生的舞台上，每个人都希望自己因为取得辉煌的成就而获得最热烈的掌声。但是，不是所有的人都能够站在耀眼的舞台上获得他人的认可和掌声。在成为众人瞩目的焦点之前，几乎每个人都要独自面对清冷的排练厅，在一次又一次失败中孤独地爬起来。这个时候，没有别人的掌声，但是只要你有一双手，便可以为自己鼓掌。当没有阳光的时候，你自己便是阳光。

有一个漂亮的女孩，因为聪明伶俐，再加上父母对她的悉心栽培，从小就被鲜花和掌声环绕。渐渐地，她习惯了别人的赞美和掌声，并从中得到肯定和自信。可是十五岁那年，境况发生了转变，她几乎无法适应。

在十五岁时，学校举行演讲比赛，多才多艺的她自然报名参加了。比赛前她很用心地做了准备，但是，这样的演讲比赛她是第一次参加，而且规模也比她之前参加的各种比赛大许多。面对台下众多的目光，她突然紧张得说不出话来。这个时候，她多希望像小时候那样，得到家人鼓励的掌声。可是，此刻台下鸦雀无声，大家都在等待她的演讲。

几分钟过去了，因为过于紧张，她依然想不起来演讲稿中的一个字。台下开始有人窃笑，她觉得十分丢人，也更加紧张了。她向爸爸投去求助的目光，希望爸爸能给她一些鼓励。可是，爸爸似乎没有看到她的困境，还在低着头和别的老师讲话。其实，爸爸不是没有看到，而是借此机会有意锻炼一下自小就一帆风顺的她。

最终，她在大家的哄笑声中狼狈地走下了演讲台。

回家之后，她哭了两天，决定这辈子再也不理爸爸了。最后，爸爸还是敲开了她的房门。

爸爸坐在她的床边，为她擦干眼泪，然后温和地对她说："你一定在为那天爸爸没有为你鼓掌加油而生气吧？"见她不说话，爸爸接着说出了他内心的想法："其实，那天爸爸是故意不去鼓励你，借此锻炼你的。孩子，你要知道，爸爸并不能每一场演讲都去为你鼓掌。而其他人需要看到你的实力才会为你的演出鼓掌，他们

路，
总能从奔跑着的每一步踏出。
梦，
总能在默默地拼搏中逐渐成形。
且把荆棘当试炼，
晶莹的汗水会与你一起庆贺成功。

没有义务在你失败的时候为你喝彩。所以，永远不要把信心寄托在别人的鼓励和肯定中，你要学会为自己鼓掌。”

她擦了擦眼泪疑惑地问爸爸：“我怎么能为自己鼓掌呢？”

爸爸笑着说：“你当然可以。在别人都否定你的时候，只有你自己才能给自己肯定；在别人都看到你的失败时，只有你自己相信自己可以成功。所以，当处在困境中时，你就应该为自己鼓掌。”

从此，她记住了爸爸的话。大学毕业后，她又一次面临着人生的挑战。她得到一家知名企业的面试邀请。经过激烈的竞争，她和另一个女孩留了下来，进行最后一轮面试。

那个女孩先进去，几分钟后，哭丧着一张脸出来了。她认为最后一关一定很难，怀着一颗忐忑的心走进了面试的会议室。

谁知题目并不像她想象的那么难，面试官只是轻松地问她有什么特长。她想了想说：“唱歌。”面试官要求她唱几句听听，她就大方地唱了几句自己平常最喜欢的那首歌。唱完之后，她看着面试官，面试官却没有任何表态。她想，难道是自己唱得不好，还是他们在考验别的东西？突然间她想起了爸爸的话，便笑着为自己鼓掌。她的举动让面试官面面相觑，大家都不知道她在干什么。

接着她笑着向面试官解释道：“对不起，我想可能我的表现还不能让各位满意。但是，我觉得我已经尽了最大的努力，在贵企业的面试过程是我人生中难得的经历，能唱完最后一首歌，我为自己感到自豪。所以，我想用掌声结束这段经历，为自己的人生加油！如果对各位有什么冒犯，还请见谅。”

她说完这些话以后，看到面试官相互点头，然后坐在中间的面试官说：“虽然刚才那个女孩各方面条件都比你优秀，但是，因为你的自信，你被录取了！”

事后，她才知道，和她竞争的那个女孩也被要求表演一项自己的特长，而且那女孩也是表演的唱歌，但是她唱完之后看面试官都没有表态就以为自己已经失败了，垂头丧气地走了出来，甚至都忘记了和面试官告别。

面对生活的磨难和挑战，任何人都需要鼓励。但是，别人的掌声只有在你站在成功的舞台上时才会为你响起，而当你失败的时候，最需要掌声的时候，没有人会为你鼓掌。这个时候，你就要学会为自己鼓掌，扬起自信的风帆继续前行。

人生路上，无论欢喜还是悲伤，无论成功抑或失败，只要你不曾放弃一直在逐梦的路上前行，都值得为自己鼓掌。

所以，请记住：没有观众，你依然要用心地做最精彩的表演；没有掌声，你依然要乐观地肯定自己。没有人能够随随便便成功，要想获得别人的掌声，你首先要给自己自信的掌声，在一次又一次的失败中给自己鼓励，调整好心态，然后再次向成功出发。

·Part 06·

做人，最重要的是开心啦

工作中收获的快乐是成就感；

情感中收获的快乐是温暖；

生活中收获的快乐是惬意。

我们终其一生所追求的，

并非钟鸣鼎食，家财万贯，

而是如何生活得快乐心安。

每天给自己定一个目标，

就是我今天比昨天又快乐了多少？

忘记失去，记得拥有

无论愿意或者不愿意，
我们这一生，必然要失去一些东西，
或者是面对生老病死，或者是经历悲欢离合，
但是，这些看似负面的失去里，
其实暗藏了生命的价值与玄机。

人生在世，有得到必有失去，得与失相生相伴，但是，大多数人在得与失面前总想得到，而不愿意失去。他们把失去看得很重，舍不得，忘不掉，总是沉浸在“失去”的阴影中不能自拔，长久下去，心情越来越沉重，丢失了生活的快乐。

我们每个人都有过丢失东西的经历：比如刚领的薪水不小心弄丢了；最喜爱的自行车一夜之间不翼而飞了；相处了好几年的恋人移情别恋了，等等。这些重要的人或心爱之物的失去，会让我们苦闷不已，有时甚至会生出病端，失去了快乐。究其原因，就是我们没有从往事中走出来，没有忘记“失去”，因此活得非常痛苦。

其实，人生就是一段得与失交替的旅程，每个人在这段旅程中都会有“失去”，但我们不能总是念念不忘，如果一直不能走出来，因为“失去”而叹息、懊悔，那就会失去生活的快乐。忘记“失去”，重新去筑建自己的未来，才能重拾快乐！

有一个十分优秀的士兵，在一次火灾抢险中失去了双腿。刚开始他也像常人一样，认为自己这辈子完了。是呀，一个人没有了双腿，连走路都不会，还能做什么工作？这样活着还有什么意义？

于是，这个失去了双腿的士兵痛苦地躺在病床上，也不睁眼，也不和任何人说话。他怕看到自己那被齐刷刷锯掉的双腿，他甚至不想再活下去。

士兵的父亲为了不让他感到孤独，就给他买了一个收音机，让他听听节目，缓解一下痛苦。有一天，这个断腿的士兵无意中听到残疾人运动会的新闻，听着那些残疾人的呐喊和呼唤，他感到不可思议，生命中有一种声音在召唤他，于是他决定走出阴影。

他开始学习英语，由于他从前英语基础不错，加上收音机里的教学节目，他进步得很快。过了两个月，他让父亲给他买了一个轮椅，他说他要看看阳光。当他沐浴在阳光下，他突然发现活着是那么快乐，他用很流利的英语说了一句：我失去了我的双腿，但我还有我的双手，我要用我的双手重新谱写人生的快乐！

终于，苦心人，天不负，他凭着顽强的毅力学会了六个国家的语言，翻译了几十本书，他创造了轮椅上的奇迹！

这个故事告诉我们：忘记“失去”，你才能收获人生的幸福和快乐！

是的，失去了双腿固然可怕，但你还拥有生命，你的身边还有亲情、友情，以及人间的真情。我们是命运的主人，我们是心灵的主宰，只有那些领悟了生活真谛的人，才不会随便选择死亡，哪怕只有一点机会，也不能放弃。失去了的东西既然无法挽回，那我们就要学会忘记，只有忘记“失去”，我们才能快乐地面对明天！

一对夫妇结婚十年后才生了一个孩子，让这对期盼已久的夫妻高兴不已，妻子更是倍加宠爱这个小男孩，将自己所有的精力都用在照顾男孩上。

小男孩两岁的时候，有一天丈夫准备上班，走到门口忽然看到桌上有一个打开的药瓶没有盖，不过因为赶时间，他只大声告诉妻子把药瓶收好，然后就关上门走了。妻子随声附和，但因为在厨房忙得团团转，所以就忘了丈夫的叮嘱。

两岁的男孩跑到客厅玩，看到药瓶觉得好奇，又被药水的颜色所吸引，于是拿起药瓶一口气喝完了里面的药水。

当母亲发现昏迷在客厅的儿子后，哭着把他送往医院。但因为服药过量，医生已无力回天。妻子被吓呆了，不知如何面对丈夫。紧张的父亲赶到医院，得知噩耗非常伤心，看到儿子的尸体，他不由得大哭出声，好久好久，他抬起头望着妻子，说了一句：“忘掉吧……”

是的，每个人的一生都会失去一些东西，失去固然痛苦，但也不必执着于此。终日想着失去，只会加剧往事遗留给我们的伤悲，只会让我们对未来的看法越来越黑暗，越来越悲观。与其痛苦，不如淡忘，只有忘掉“失去”，我们的心灵才能走向快乐！

山上，一朵不知名的小花长在一棵高大的松树底下，小花觉得自己很幸运，因为大松树就像是它的保护伞，能为它遮风挡雨。因此，小花每天都高枕无忧，快乐地享受着大松树的庇护。

有一天，山上来了一群伐木工人，他们在对那棵大松树进行反复测量后，把它锯倒运下了山。

松树被运走后，小花裸露了出来，失去了保护伞的小花，为自己的未来担心不已。它痛苦地说道：“上帝啊！人们夺去了我的保护伞，从此嚣张的狂风会吹弯我的腰，倾盆大雨会把我的花瓣打碎，我再也没有好日子过了！”

“哦，你为什么这样想呢？孩子，你的好日子还在后头呢。”远处的另一棵树说话了，“你想想看，没有了大松树的阻挡，阳光会照耀着你，雨水会滋润着你；你弱小的身躯将会长得更加茁壮，你盛开的花瓣将一一呈现在灿烂的阳光下。当人们看到你时，会称赞你长得美丽，那时你就会被更多的人认识，那样你难道不快乐吗？”

小花想了想，开心地笑了。

是呀，当你有一天突然发现长久依靠的东西不在了的时候，痛苦和伤心是在所难免的。但是伤心有什么用？如果你换个角度想一想，也许你会有意外的收获。旧的不去，新的不来，与其为失去的自行车懊悔，不如考虑怎样才能再买一辆新的；与其因恋人向你“拜拜”而痛不欲生，不如振作起来，重新开始，去赢得新的爱情。

西方谚语说：“上帝在关上一扇门的同时，必会为你打开一扇窗。”是呀，如果我们每一个人都认真地思考自己的人生，就会发现，人生其实处处是在失去：人握拳而来，撒手而归，生命在失去；人的一生从童年到青年，再到中年、老年，时光在失去；父母年事越来越高，甚至离开人世，亲人在失去……整个人生其实就是一段不断失去的旅程。所以，面对失去，我们要学会忘记，忘记得与失、忘记愁与苦，带着平常心投入到新的生活中才能得到更多的快乐。

Philosophic life

有时候，为了更加快乐，我们需要忘性大一点，特别是对于生活中那些纷至沓来的烦恼，以及那些我们无可奈何更无力去控制的事情，就让它们顺其自然地发生、结束。我们只要记得其中的那些美好便足矣。

Details

读懂不在意，人生大不同

人生是一段充满波折与崎岖的旅程，
不时会遭到陌生人的冲撞或者嘲笑，
面对这些，一味攻击或者对抗都不是良方。
学懂不在意，忘记一些不值得记住的人，
修得一颗达观的心，人生路，才会走得轻松愉悦。

“不在意”是一种达观的处世态度，也是一种睿智的人生哲学，对于某些事，特别是人生中的忧愁苦痛，我们大可不必记挂于心，看开一点，天地自辽阔。

有这样一个故事：著名诗人歌德成名以后，遭到了许多人的嫉妒，有一次他在散步的路上遇到一个时常抨击他的人，这一次这个人又出言不逊，并且挡道不让。歌德微微一笑，闪在一边，不做任何争辩。旁人看了很生气，劝歌德要反唇相讥。歌德笑着说：“我若和他一样，岂不也成了疯子？”

歌德的“不在意”其实就是一种智慧，对于心胸狭窄的疯子，实在是没有必要和他理论的，对手的“不在意”会使他自己也觉得无地自容。

是的，在人生道路上，来自外界的侵犯会很多，不管你是不是有错，这些纷扰也会来到你的面前，如果我们都一一在意，时刻挂心，我们一定会活得很累，只有学会不在意，像歌德那样淡定如水，我们才能活得潇洒，人生才会是另一种境界。

一支部队在山间与敌军相遇并展开了激烈的战斗，激战过后，大部队已经撤走了，只有两名战士没有跟上部队，并且最终与部队失去了联系。

二人在山中艰难地行走着，为了能够走出大山与部队取得联系，他们一直互相支持、鼓励、安慰。几天过去了，他们仍没有赶上部队，身上仅有的干粮也吃光了。

忽然，他们发现了一窝兔子，两人一起抓住了几只兔子。靠这几只兔子两人又艰难地度过了几天。眼看就剩下一点兔肉了，他们谁也不舍得吃那仅有的一点食物。

这天，他们再一次与敌人相遇，经过激战，他们巧妙地避开了敌人。就在他们以为安全时，只听一声枪响，走在前面的战士中了一枪，随即倒在了地上。

后面的战士惶恐地跑了过来，他看了看战友，幸亏子弹打在了肩膀上，只是受了伤。他害怕极了，抱着战友的身体泪流不止，接着他撕下自己的衬衣包扎了战友的伤口，把仅有的兔肉也给战友吃了。

当晚，未受伤的战士一边不停地照顾受伤的战士，一边念着母亲的名字。当时他已经饥饿难忍了，他以为他们熬不过那一晚了。第二天天明，他们很幸运地被路过的兄弟部队救了出来。

事隔多年，或许是良心发现，未受伤的战士给受伤的战士寄来了一封信请求他的原谅："亲爱的战友，请你原谅我，你知道吗？我曾经对着你开了一枪。我真的为我这样做感到难过，以至于这些年我都陷在自责中。"

让他没有想到的是，他的战友在回信中这样写道："我知道是谁开的那一枪，那就是你——我的战友。当你抱住我时，我碰到了你发热的枪管。我怎么也想不明白，你为什么对我开枪。但那天晚上我明白了，你是想独吞我身上背的兔肉，你想为了你的母亲而活下去。"最后，他在信的结尾写道："我早已不在意这件事了，我只记得，你为我包扎伤口，让我吃了仅有的食物。你做的这些让我很感动。我一直都清楚地记得你照顾我的那个晚上。希望以后不要再提这件事了，因为我们都还好好地活着。"

未受伤的战士看完信后眼睛红红的，久久没有把信放下。

是的，人生在世，要互相理解，多感激别人的恩惠，不要计较别人对你的不好。如果大家都能像那个受伤的战士一样，用博大的胸怀原谅别人的过错，那生活中的小恩小怨还有什么不能忘记呢？

但是生活中的大多数人还是不能做到完全不受别人影响，很多时候我们会在意别人对自己的看法，会因嫉妒、怨恨、误解等产生种种烦恼。

古代有一位妇人，常常因为看不惯丈夫和婆婆所做的事，气的吃不下饭、睡不好觉。于是她就去求一位高僧用佛法为自己开解。

高僧把她领到一座禅房中，让她面对佛祖静坐，自己落锁而去。

已经过了吃饭的时辰，妇人觉得很饿，但是就不见有人送斋饭来。妇人气得大骂，可高僧也不理会。闹了一会，妇人开始哀求，但高僧还是置若罔闻。

等妇人闹累了，安静下来了。高僧来到门外问：“你还生气吗？”

妇人说：“当然生气啦，饿了也不给饭吃，都怪你想出这么一个馊主意。”

“你丈夫赌博输了钱，你不是气得好几天不吃饭吗，今天你就当是为你丈夫而生气。”高僧说罢拂袖而去。

过了一会儿，高僧又来问她：“还生气吗？”

“怎么能不生气呢？是你把我锁在禅房里的，为什么让我为丈夫而生气呢？”妇人说。

“今天你不为丈夫生气，可以前为什么总为丈夫生气呢？看来，你还没有想通。”高僧说。

妇人告诉高僧说：“因为你的错误我去生丈夫的气，没有必要呀。”

“对呀，可你为什么常拿丈夫的错误来气自己呢？”高僧笑道。

妇人无语。看妇人有所悟，高僧才让沙弥端来斋饭。

夜幕降临了，因为白天的折腾，妇人早早地便准备歇息了。

妇人刚躺下不久，只听得禅房外一片木鱼声响，吵得妇人不能安睡。

妇人又气的大吵。高僧来到门外问："你生气吗？"

"半夜三更的敲什么木鱼，吵得我不能安息。"妇人说。

"你就当是你婆婆在唠叨而睡不着也就是了，你骂你婆婆就是，无须埋怨这些和尚。"高僧道。

"是你们吵我，为何要骂我婆婆？"妇人说。

"反正受折磨的是你，生谁的气不一样？"高僧说罢离开。

第二天清早，高僧一打开禅房，看到妇人静坐在蒲团之上，一脸宁静。见到高僧起身施礼道："大师，我明白了，其实丈夫和婆婆做错了事，那就是房内无饭，房外杂声。"

高僧听后笑道："你彻底领悟了。"

如果能不在意"房内无饭，房外杂声"，我们的心灵就能得到真正的宁静。不在意并不是不珍惜，而是顺其自然、宠辱不惊。面对世间的纷纷扰扰、是非得失，能做到忍之、任之，那么你就为自己的心灵找到了一片净土。

正如佛家所说："不是某人使我烦恼，而是我拿某人的言行来烦恼自己。"当你拥有一个开阔的心胸，学会"不在意"时，你会发现你的人生是如此的缤纷、精彩，生活是如此的和谐，你会发现你的人生进入了一个新的境界！

Details

扫去心灵上的杂草

如果说快乐是一片动人的风景，
人人都希望得到它，
能容身其中，
那么我们心中的忧虑、自卑、恐惧等情绪，
就是一道道沟壑，
正是它们阻止了我们看到前方的风景。

想看到风景，就走出门外；想得到快乐，就抛弃负面的想法，其实生活在于我们自己去选择。真的，让我们除掉心田上不快的草，种满快乐的禾苗。

一位贤名远播的老师带着一群即将毕业的学生来到一片草地上，学生们心中有些不解，不知道老师带他们到这里来干什么。

老师用手指了指学生们身处的这片草地，对大家说：“这是一片长满了杂草的草地。我的问题就是，除去这些杂草最好的办法是什么？”

问题竟然如此简单。学生们一听，都松了一口气，纷纷开始回答。

一个学生说："用铲子一棵一棵地把杂草铲掉就行了，只要有恒心，一定能铲完。"老师不说话，只是点了点头。另一个学生说："一棵一棵铲太累了，我觉得放一把火烧掉就可以了，又快又省事。"老师仍旧点了点头。又一个学生接着说："用火烧虽然快，可是草根没有除掉，很快又会长出草来。我觉得应该'斩草除根'，把草根都挖掉才对。"

学生们各抒己见，给出的回答各有不同，可是老师始终只是点点头，没有说话。

最后当大家都说完了，静静地等待老师评判时，老师却说道："等到明年今天，我们再来这里继续这个话题，那时我将给出最后的答案。

一年的时间很快过去了，这一天学生们相约来到草地上等待老师揭晓答案，发现这片草地已经一棵杂草都没有了，而是生长着一大片茂盛的庄稼。学生们高高兴兴地等着老师的到来，可是等了许久，老师也没有来，大家都很纳闷，不明白老师为什么还不来。这时，其中的一个学生看着这片庄稼，好像忽然明白了什么，他指着庄稼对大家说："我明白了，老师今天不会来了，因为他已经告诉了我们他的答案——就是这片庄稼。"

大家面面相觑，不明白什么意思。这时另一个学生也醒悟过来，大声说："原来如此！要想除掉草地上的草，单纯地除草是不够的，最好的办法，是在上面种满庄稼！老师想借此告诉我们的就是，保持心灵快乐的办法不是一味地抵抗不快乐，而是在心中种满美好和希望。”

是啊，当我们在心灵的田野上种满美好的禾苗时，那些令人烦恼的杂草也就再没有了立足之地。

传说西绪弗斯得罪了西方诸神，众神之首宙斯决定惩罚他，罚他将一块大石头推到山顶上。但是这块石头实在是太大了，每当西绪弗斯推着它快要到达山顶的时候，石头就会滚落下去，西绪弗斯只好再次将它推上去。

就这样，西绪弗斯日复一日、年复一年地推着石头上山，再看着石头滚下去，这个惩罚永远没有尽头。众神都以为这种惩罚是世界上最重的惩罚，因为这种劳苦没有止境，让人看不到任何希望。他们推断西绪弗斯将在重复推石头上山的过程中耗尽自己的生命。可是当宙斯再次看到西绪弗斯时，竟然惊讶地发现，西绪弗斯很开心，他正感受着自己的手臂和身体推动石头时的力量，甚至还发明了独特的舞蹈步伐。他哼着歌，推着石头，踏着优美的节奏慢慢地上山，当石头滚下去时，他竟然吹了声口哨，蹦蹦跳跳地走到了山下，找到那块石头，再次把它推上山。一切看起来都非常愉快，西绪弗斯仿佛一个孩子，乐此不疲。

其实，西绪弗斯并不是真的喜欢推石头，只是，当他发现这就是自己的命运时，他决定接受它，让自己在征服石头和山峰的过程中享受快乐。他不去想遥远的未来，只是单纯地让每一个眼下过得更加愉快。这就是宙斯看到的情景。最终，因为对于西绪弗斯来说，这已经不再是一种惩罚，所以诸神不再让石头滚落下来，惩罚结束了。

阻止你快乐的，并不是外在的东西，而是你自己——如果你选择用乐观的心态去面对周围的一切，那么你就能感到快乐；反之，你只会感到无尽的苦闷。所以，每当有不开心的情绪出现时，就马上换个角度去想问题，试着让自己去想象一些美好的东西。当心中充满快乐的阳光时，阴云就不再停驻。

心情小札 Philosophic life

天地专为胸襟开豁的人们提供了无穷无尽的赏心乐事，让他们心情受用，而对于心胸狭窄的人们则加以拒绝。——雨果

Details

人人都爱幽默家

如果说，
生活像一片长满意外、不幸之草的草地，
那我们的幽默，
就是让那片草地开出美丽之花的神秘力量。

有时候，一件事情到底是好事还是坏事，这取决于你怎么看它。有些看似不幸的事，从不同的角度来看，似乎也没那么不幸。

戏剧天才卓别林有一次遇到了一个劫匪，劫匪掏出手枪，指着卓别林的脑袋，逼他掏出钱包来。卓别林一看劫匪那凶神恶煞的样子，马上掏出钱包来，笑呵呵地递给他。劫匪高兴地准备走，卓别林却叫住了他："朋友，其实我也不在乎这些钱，反正也不是我的，是我老板的，但是明天我怎么向他交代？看在这些钱的份儿上，你得帮我个忙，在我帽子上打两枪，这样我就好向老板解释我被打劫了。"

劫匪想想也没什么，拿下他的帽子顺手打了两枪。卓别林接过帽子后，又说道："朋友，谢谢，但是这帽子中了枪而我没事儿，有点说不过去，请你再在我的上衣和裤子上来两枪，怎么样？"

劫匪懒得和他啰唆，就照着卓别林的指点分别在他的上衣和裤子上打了几枪。由于卓别林的态度一直很恭敬，劫匪也就放松了警惕。直到枪里没子弹了，劫匪说："不能再帮你了，没子弹了。"

这时，卓别林抡起手杖就打在了劫匪头上。劫匪倒了下去，卓别林镇定地拿回钱包，扬长而去。

卓别林实在是一个充满智慧的人，他不费吹灰之力就把劫匪给制伏了。有的时候，在面对有意无意、明里暗里的批评和责难时，能够控制自己的情绪，用幽默来"四两拨千斤"的人，也一定会成为一个成功者。作家霍尔摩斯身材不甚高大，有一次参加会议，起立的时候大家发现他最矮，看起来很是滑稽。旁边一位先生忍不住揶揄他说："霍尔摩斯先生，你现在站在我们一堆高个子中间，是不是感觉就像鸡立鹤群呀？"周围一群人哄然大笑，霍尔摩斯却不动声色，淡淡地反驳道："我倒是觉得我像是一堆便士里的一个铸币，虽然体积小了一些，但是最值钱。"

英国首相詹姆士·哈罗德·威尔逊是公认的智慧型的政治家，他的机智在演讲中表露无余。一次演讲中，气氛正热烈的时候，他慷慨陈词，台下一个人不合时宜地骂了一句："尽是垃圾、狗屎！"威尔逊被迫停了下来，正当大家尴尬得不知如何继续的时候，威尔逊继续了他的演讲，他接着说："是的，先生，你提的问题好极了，不过那是下一个议题。我马上就会说到环保问题了。"

台下众人哄然大笑，继而集体鼓掌，威尔逊的机智征服了在场的所有听众。

温斯顿·丘吉尔被评为近百年来最具有说服力的演说家之一。在一次演讲中，服务人员递上来一张纸条，这是很平常的事，纸条上一般都会是问题或者建议。他随手打开纸条，却见上面只写了“笨蛋”两个字。丘吉尔稍微愣了一下，很快就说道：“我收到了一位听众的纸条，但是不知道为什么，上面没写内容，只写了他的名字，这也太粗心了。”

每一次小幽默的发挥，都能够让生命开出一朵美丽的小花。当我们不经意回头一看时，会发现生命因这些花朵而绚烂美丽。

怒刷“快乐存在值”

快乐虽然简单，
但并不意味着可以什么都不做就得到它。
快乐需要一双能发现它的眼睛，
需要一颗懂得寻找它的心。
积极地收集每一个可以转变为幸福的瞬间，
你会发现，快乐其实很简单。

我们的生活并不总是一帆风顺的，困难会出现，失败也会有，但只要积极乐观的心态不变，就总能在困境中找到快乐的理由。

戴西的父亲是一家百货公司的老板。在大家看来，戴西整天快快乐乐，从来不用为钱发愁。戴西岁那年，父亲的公司遇到了经营上的困难，全家人的生活一下子陷入了困境。唯有戴西还像平时一样整天乐呵呵的，她没有忧虑，也没有泄气，而是积极地四处找工作。当人们问起她的时候，她的回答很简单：“虽然爸爸的公司碰到了困难，但是生活还要继续，只要有手有脚，我相信我们家一定能够渡过难关。”

随后的日子里，戴西不停地工作以贴补家用。虽然日子比以前苦了很多，但是戴西一点也不觉得苦恼，相反，她觉得只要一家人在一起开开心心的，比拥有多少钱都强。后来，戴西父亲的公司从困境中走了出来，戴西一家重新搬进了以前的别墅。可是戴西仍然忙碌着，她说：“正是这段日子让我认识到生活不论富与贫，只要乐观、积极，就会是快乐的。”

像戴西这样的人，不论在顺境中还是在逆境中，都能从生活中获得乐趣。这种积极、乐观的态度才是一个人永远保持快乐的秘诀。

有一段时间，玛丽每天上班都要经过一条弯弯曲曲的小巷，巷子两边住着一些退休的老人们，他们大多悠闲却无聊，整天大开着门，聚在一起打麻将或者看电视。可是，这其中有一位老太太总是能吸引玛丽的目光，她不打麻将，也不看电视，她种了好多盆花。每天上班的时候，玛丽都能看到她辛苦地把一盆盆花从屋里搬出来，下班的时候，又刚好看见她再把这些花一盆盆搬回去。天天如此，除了刮风下雨，从不间断。花盆很多，每次都要搬很久，可是总能看见她一边擦额头上的汗珠，一边对着花儿微笑。

有一天，玛丽终于忍不住停下来，看了看那些花。各种各样美丽的花朵在清晨的阳光下微微颤动着，而老太太还在一盆盆地往外搬。看见有人在欣赏她的花，老太太很高兴，笑眯眯地向玛丽介绍那些花的名字和习性，仿佛这些花就是她的孩子。花虽然美丽，可是让玛丽印象最深刻的，是老太太的一句话：“你看，这一盆花要六块钱才能在花市上买到，它开了四朵花，能开半个月，算下来，每朵花我只花一毛钱就能看一天，是不是很划算啊？”

以后的很多年里，每当玛丽看到鲜花就会想到那位老太太，她教给了玛丽怎样花一毛钱看一天美丽的花。种一盆花也许是再寻常不过的事了，可是这样把每朵花都算一算，一毛钱就能看一天，能这样想的人，谁能说她不是个快乐的人呢？

在平淡的生活中，试着带上寻找“fun”的眼睛来看待每一件事，也许在某个不经意的小地方，你就能发现，一滴水可以变成五彩光的来源，一颗小石子也能成就一大片美丽的波纹。

难得糊涂才是福

聪明难，糊涂尤难，
由聪明而转入糊涂更难。
放一着，退一步，当下安心，非图后来报也，
“难得糊涂”是一种值得赞赏的人生态度。

郑板桥做了大官以后，家族引以为傲，决定扩建宗祠，宣扬这件光耀门楣的大喜事。郑板桥的堂弟与邻居商量，想要占用两家围墙外共用小路的一半。

堂弟本以为邻居必定会看在郑板桥的面子上同意这件事，谁知邻居的叔父也在京城做高官，根本不吃这一套，毫不客气地驳回了他的请求，言语中还带了一些讽刺嘲弄。

堂弟气不过，自作主张叫来工匠修筑了围墙。这墙果然占据了三尺小巷的一半。邻居一看，又怎么肯忍气吞声，两家人闹得不可开交，甚至准备对簿公堂。

这件事传开之后，两家人的名声都受到影响，附近的人都认为郑板桥的堂弟蛮横无理，而邻居也过于刻薄小气。远在京城的郑板桥听说此事之后，给堂弟写了一封信，信上只有四个字——难得糊涂。堂弟一看，对邻居的不忿就去了大半，邻居不讲情面的拒绝固然可气，但别人也确实没有一定要让他的理由呀。

这四个字最后传到邻居那做官的叔父耳中，他拊掌感叹："好个难得糊涂！邻里之间本来就应该相扶相助，亲睦友好，何必为了小事撕破脸，郑公看得很明白！"这位叔父写信回家，附诗一首："邻里争端只为墙，让他三尺又何妨？万里长城今犹在，不见当年秦始皇。"

邻居看信后非常羞愧，不但去公堂撤回诉状，还准备了礼物向郑板桥的堂弟致歉。

郑板桥的堂弟听说原委之后，觉得是自己做事太过武断，急忙向邻居赔礼道歉，并且主动将自家围墙拆掉，让出三尺道路。

两家人的争端从此平息，邻里关系更加亲善和睦，郑板桥的"难得糊涂"和那位大人的劝和诗也被争相传颂。

郑板桥的堂弟原本并不是非要占去那条小路不可，而邻居也并不是不能让出那条小路。两人都不肯退一步，事情就闹得不可开交，可有可无的小事也变成难以解决的大事，说不定还会走入鱼死网破的死局。幸而郑板桥和邻居叔父都是豁达明理的人，及时指点家人避免了一场风波。双方各退一步，成就了邻里和睦的佳话。

Details

塔莎奶奶的快乐秘籍

仅仅只是活着，
就值得感谢了不是吗？
就算公害与令人恐惧的事件层出不穷，
这世界依然如此美好。
即使是早已见惯的，天上的星辰，
若是想着一年或许只能看到一次，
仍会满心感动，是吧？
无论什么事，都试着这么想，如何？

——塔莎奶奶

如果有一天，你光滑的脸庞被起伏不平的皱纹代替，你乌黑的头发变得苍白，你富有光泽的皮肤开始暗淡松弛，你灵活的关节变得僵硬，你还会坚持自己的梦想，坦然面对衰老和死亡吗？

生老病死是人不能避开的事情，在这个轮回里，你不难拥有快乐，但你有信心将这份快乐持续到老吗？你的心里其实没有答案，当然，我也没有。因为我们都还不曾老去。

但是有一位老奶奶却做到了这一点。她固执地生活在自己的梦想中，坚持一辈子不醒来。她出生于1915年，向往复古的生活，从幼年起就极度渴望拥有一座自己的农庄。30岁的她带着4个孩子生活在一座建于19世纪的没有水电的庄园里。尽管没有水电的生活有许多不便，她却沉迷在日常生活的细节中乐此不疲。

她的丈夫不堪忍受复古生活，最终选择离开。她却坚持梦想，带着孩子，用绘画的版税抚养他们成人。

对她而言，幸福就是心灵上的满足。

等到孩子们成年之后，她终于得到梦寐以求的小小农庄。她的大儿子为她建造了一座18世纪风格的小庄园。已经56岁的她怀揣着少女的梦想，开始独自生活在农庄里。

她过着离群索居却并不孤单的生活，她过着看似艰难却能自给自足的生活。自己种菜做饭，自己纺线做衣服，自己饲养动物，培植花草，甚至自己制作肥皂、蜡烛和灯油。

她细心观察动物，发现蛇的笑脸，鼹鼠的足迹，鸟儿的踪影；她精心侍弄花草，总能在第一时间发现它们最美的一面。

她在劳作的间隙作画，并坚持到生命的尽头，因此获得女王终身成就奖。她将所见所闻所感汇集成最美丽的图画，打动了所有期望过自由快乐生活的人们。

面对赞誉和荣耀，她也只不过是继续淡然而从容地生活着。因为她选择的一切，都不过是顺从她内心深处最真实的想法而已。这想法就是在自然的怀抱中过着最自然的生活。

她说：“有价值的好事，值得花费时间和精力去完成。”所以她能在远离现代化生活的庄园里安然度过一生。养花种菜、烹饪纺织这些在我们看来异常艰苦的家事，她却乐在其中，并能提取出最美好的一面让我们观赏。如果不是出于真心喜爱，一个现代人又怎么能够抛弃那些生活中习以为常的能带来便利的现代化工具呢？

当我们出生的时候，我们单纯地因为吃饱饭、有玩伴而快乐。但随着年龄的增长，我们逐渐远离那些单纯的快乐。我们早出晚归，我们钩心斗角，我们虚与委蛇，只为追求更多的名与利。但当我们真正得到名利的时候，却发现其实得到了也并不会给我们更多的快乐。于是空虚和贪欲驱使我们再次前进，希望能拥有更多的名利来换取短暂的快乐。而事实的真相是，当我们在违背本心的道路上艰难前行，越走越远的时候，我们就已经离真正的快乐越来越远了。

这位名叫塔莎的老奶奶在自己的庄园里快乐地活到92岁，当她与世长辞之前，她说：“连死亡也不畏惧，因为人生已无遗憾。”

我们不能选择生活，但我们能选择只属于自己的快乐生活方式。

轻声叩问你的心：你有勇气像塔莎奶奶一样坚持过自己的生活吗？

如果你真的得到肯定的答案，那么你离塔莎奶奶的快乐生活也就不远了。

不管烈日当头，
抑或寒风飘雪，
那飞转的身影都不曾间断过盛放，
一切，
都在步步坚持下被雕刻得更好。

专心一刻，快乐在握

睡眠充足，想睡就睡，
饮食有节制，肚子饿时才进食，
每日都运动，永远不为昨日事烦恼，
也不为明日事担忧。

有一群年轻人生活安逸，游手好闲，没有什么负担，却总是觉得不快乐。他们总觉得有这样或者那样的烦恼，于是约定不再过这样的日子，要一起去寻找快乐。

途中，他们遇到了大哲人苏格拉底。他们向苏格拉底询问："请问快乐到底在哪里呢？"

苏格拉底回答："告诉你们快乐在哪里之前，你们要先帮我造一条船，待到船造好之日，就是你们得到答案之时。"

为了寻找快乐，几个年轻人欣然同意了。他们商量好造船的每一个步骤，并且紧锣密鼓地开始动工。他们辛苦地上山寻找造船的木料，终于找到了一棵合适的大树。大家齐心协力将大树砍倒，又费劲地将树心掏空，打算做一只独木舟。为了曲线的完美和船表面的光滑，他们进行了精心的打磨，耗去了七七四十九天时间，最后，一只美丽的独木舟终于完成了。

年轻人请来苏格拉底，与他们一起将船放下水，以检验他们的劳动成果。在船上，大家齐心摇桨，还唱起了动听的歌谣。这时，苏格拉底微笑着问他们："孩子们，你们现在快乐吗？"这群年轻人不假思索地齐声答道："快乐极了！"

苏格拉底说："这其实就是快乐在何方的真正答案。当你专心地做一件事情的时候，快乐就已然造访了。"

故事中的那群年轻人，整天有大把闲暇时光，却无法体会到快乐，正是因为他们无所事事没有专注，没有付出，也没有期待，所以不但觉得时间过得很慢，而且会觉得很无聊。

但是，当他们真正投入地去做那只独木舟的时候，并没有刻意强调需要快乐，满脑子只是想着如何更好地完成这个事情，没有时间无聊，没有时间抱怨，便为快乐敞开了门。

专心地去做一件事，不计功利得失地去做一件事，无论成功抑或失败，在你为这件事投入精力与感情的同时，快乐就如一颗嫩芽，在不知不觉间破土而出。

爱上生命中的不完美

文图编辑：柴　娜
美术编辑：周邦雄　何冬宁
封面设计：罗　雷
版式设计：何冬宁
插图绘制：原佩佩